新工科建设之路·计算机类规划教材

Python 编程

——乐学程序设计与数据处理

曾长清　刘伯成　朱小刚　编著

U0226186

电子工业出版社

Publishing House of Electronics Industry

北京·BEIJING

内 容 简 介

Python 是一种面向对象的解释性程序设计语言，随着计算机的普及和人工智能的流行，Python 已经成为受欢迎的人工智能编程语言之一。随着教育部"六卓越一拔尖"计划 2.0 的实施，培养学生的工程实践能力和创新能力成为各大院校的重点。本书分为 11 章，包括 Python 概述、Python 基本语法、选择结构、循环结构、组合数据类型、函数和模块、面向对象编程、文件、Python 基础实战、爬虫开发、Python 数据分析技术。本书深入浅出地讲解了 Python 编程的相关知识，并选择一些趣味性强、有吸引力的教学案例，以提高学生的学习兴趣和动手实践能力。通过案例教学，开拓学生思路、引导其探究问题的求解方法、激发对程序设计的兴趣，让学生亲自动手解决问题，从而掌握编程和计算机科学的相关概念。

本书可以作为高等院校计算机程序设计课程的教材，也可以作为 Python 爱好者的学习参考资料。

图书在版编目（CIP）数据

Python 编程：乐学程序设计与数据处理 / 曾长清，刘伯成，朱小刚编著. —北京：电子工业出版社，2020.11
ISBN 978-7-121-39788-2

Ⅰ. ①P… Ⅱ. ①曾… ②刘… ③朱… Ⅲ. ①软件工具－程序设计 Ⅳ. ①TP311.561

中国版本图书馆 CIP 数据核字（2020）第 198125 号

责任编辑：戴晨辰　　　　特约编辑：田学清
印　　刷：北京七彩京通数码快印有限公司
装　　订：北京七彩京通数码快印有限公司
出版发行：电子工业出版社
　　　　　北京市海淀区万寿路 173 信箱　　　　邮编：100036
开　　本：787×1 092　　1/16　　印张：17.75　　字数：455 千字
版　　次：2020 年 11 月第 1 版
印　　次：2025 年 1 月第 7 次印刷
定　　价：55.00 元

凡所购买电子工业出版社图书有缺损问题，请向购买书店调换。若书店售缺，请与本社发行部联系，联系及邮购电话：（010）88254888，88258888。

质量投诉请发邮件至 zlts@phei.com.cn，盗版侵权举报请发邮件至 dbqq@phei.com.cn。

本书咨询联系方式：dcc@phei.com.cn。

随着教育部"六卓越一拔尖"计划 2.0 的实施，培养学生的工程实践能力和创新能力成为各大院校的重点。本书以项目案例开发为向导，致力于培养学生的工程实践能力和综合创新能力。

Python 是一种面向对象的解释性程序设计语言，随着计算机的普及和人工智能的流行，Python 已经成为受欢迎的人工智能编程语言之一。Python 缩短了大众与计算机科学思维、人工智能的距离。它不仅可以激发人们学习的内在动力，促进对知识的追求，还鼓励人们动手实践，通过探索和发现进行自主学习。学习 Python 的门槛比较低，创造力和想象力才是最重要的。也就是说，既要培养人们的学习兴趣和编程思维，又要培养人们发现问题、思考问题、解决问题的能力。未来是人工智能的时代，学习 Python 应该用一种更专业的学习心态，同时及早掌握 Python 技能也已经是大势所趋。

本书由作者结合自己多年来计算机教学经验编写而成，深入浅出地讲解了 Python 编程的相关知识，并选择一些趣味性强、有吸引力的教学案例，以提高学生的学习兴趣和动手实践能力。通过案例教学，开拓学生思路、引导其探究问题求解方法、激发对程序设计的兴趣，让学生亲自动手解决问题，从而掌握编程和计算机科学的相关概念。

为了辅助教师开展教学，配合读者学习，本书在每章后面附有习题。本书配套电子教案、教学案例源代码、习题解答等教学资源，读者可以登录华信教育资源网（www.hxedu.com.cn）免费下载。

本书为 2018 年全国高等院校计算机基础教育研究会计算机基础教育教学研究项目重点

专项课题的成果之一。此外，本书还获得了南昌大学教材出版资助。

本书由曾长清、刘伯成和朱小刚编著，其中，曾长清编著第 1~5 章，刘伯成编著第 6~10 章，朱小刚编著第 11 章。在编写过程中，本书作者得到了魏欣、刘凌锋、赵志宾等教师的大力协助，同时还有多位教师和学生对本书的文字、图表等进行了校对、编排、资料查阅等工作，在此一并向他们表示感谢。

限于编者水平有限，书中难免存在一些疏漏和不足，希望同行专家和读者给予批评指正。

目录

第1章 Python 概述

1.1 Python 简介

1.1.1 什么是 Python

程序一词来自生活，通常指事情进展的步骤。而计算机程序就是让计算机执行某些操作或解决某个问题而编写的一系列有序指令的集合。

在计算机编程语言发展史上，最早受限于硬件设备，只能采用包含 0 和 1 的机器语言来编写计算机程序。20 世纪 50 年代，出现了汇编语言。在汇编语言中，用助记符代替机器指令的操作码，用地址符号或标号代替指令或操作数的地址，这样大大提高了编写程序的效率，但是不同厂商生产的设备对应着不同的汇编语言，程序员还要了解底层硬件的细节，编程效率仍然不高。于是，高级语言便诞生了，程序员只需掌握基本的语法便可以进行编程，底层的实现交给编译器（或解释器）来完成，大大提高了程序员编写程序的效率。

目前，计算机编程语言已经超过百种，常见的计算机编程语言有 C/C++、Java、Python、JavaScript、Go 等。

Python 一词原本的意思是"蟒蛇"，在这里指一种计算机程序设计语言，是一种动态的、面向对象的脚本语言。Python 最初用于编写自动化脚本，随着版本的不断更新和语言新功能的添加，Python 越来越多地被用于独立的、大型项目的开发。

1.1.2 为什么要学习 Python

国外非常注重中小学生的编程能力，从小就开始培养严谨的编程习惯。国内近十年来也慢慢注意到这个问题，认识到了从小培养编程习惯的必要性，并且在中学信息技术课程中介绍了 Visual Basic 编程基础。然而，随着人工智能时代的到来，很多教育工作者们发现 Visual Basic 并不适合用于编程入门，对于以后的学习也没有太大帮助，无法用来解决实际问题。

近几年来，很多中学生已经在课余时间积极参加各种机器人、数据分析及各种创新类的竞赛，并且取得了不错的成绩，在这些竞赛中，或多或少地用到了 Python。实际上，在正式开设 Python 编程课程之前，已经有很多中学生在老师的指导下不同程度地接触了 Python。毫无疑问，学习 Python 编程能为中学层面的各类竞赛提供良好的支撑。

Python 作为一门受欢迎的编程语言，认真学习 Python，可以使人们在很大程度上养成分享和合作的良好习惯，而这对于以后的科研生涯和工作毫无疑问是非常重要的。

1.1.3　Python 与其他语言

在众多编程语言中，除了功能强大，Python 也确实比较容易入门，短短几行代码就可以实现相应的功能，能够快速激发学生的学习兴趣。Python 非常适合作为一门编程入门语言，使学生能够理解并快速掌握。

以下是不同语言向控制台输出"Hello World"的程序，可以看出 Python 是十分简单与易于理解的语言。

（1）Python 语言，如下所示。

```python
print("Hello Python")
```

（2）C 语言，如下所示。

```c
#include <stdio.h>
int main() {
    printf("Hello World");
    return 0;
}
```

（3）Java 语言，如下所示。

```java
public class HelloWorld {
    public static void main(String args[]) {
        System.out.println("Hello World!");
    }
}
```

（4）Go 语言，如下所示。

```go
package main
import "fmt"
func main() {
    fmt.Printf("Hello World");
}
```

1.1.4　Python 的发展史

1989 年 12 月，Guido van Rossum 为了打发圣诞节假期，在荷兰开发了 Python，Python 在设计之初就被定义为一门功能全面、易学易用、可拓展的语言。

1991 年，第一个 Python 解释器诞生，底层是由 C 语言实现的。

2000 年，Python 2.0 发布，此版本实现垃圾回收和 Unicode 的支持。

2008 年，Python 3.0 发布，此版本不完全兼容之前的 Python 2 代码。

2018 年 6 月，Python 3.7 发布，此版本添加了众多新的类，可用于数据处理、针对脚本编译和垃圾收集的优化及更快的异步 I/O。

注意：由于一些第三方库目前还不支持 Python 3.7 版本，因此本书采用的是 Python 3.6.5 版本。

1.1.5　Python 的特点

Python 作为一门简单易学而又强大的语言，其优点和缺点如下。

1．优点

- 简单易学：Python 语法很简单，通过强制程序缩进使得程序有更好的可读性。
- 免费且开源：Python 是一种开源语言，其源码是免费且开放的。
- 高级编程语言：编程时无须考虑底层细节，采用动态数据类型。
- 解释型语言：Python 程序无须编译成二进制代码，可以通过解释器把源码转换成字节码，然后翻译成机器语言运行，这也使得 Python 程序更加易于移植。
- 可移植性：Python 可以被移植到许多平台。
- 面向对象：Python 面向对象程序设计有封装、多态、继承 3 个特点。
- 可扩展性：用户可以将部分代码用 C 语言编写，再在 Python 程序中使用它们。
- 丰富的库：Python 提供了许多内置的标准库，以及许多第三方的高质量组件，可以用来处理各种工作。
- 可嵌入性：我们可以把 Python 嵌入 C/C++程序，从而向用户提供脚本功能。

2．缺点

Python 也不是完全没有缺点的，Python 的主要缺点如下。

- 速度慢：Python 程序的运行速度相比 C 语言来说确实会慢很多。但是这种差别只有在运行大型算法或用专业测试工具时才会体现出来。在一般情况下，用户无法感知 Python 程序运行速度上的差距。并且，可以将关键算法用 C 语言编写，再嵌入 Python 中。
- 代码无法加密：Python 是解释型语言，Python 程序运行时没有编译过程，源代码都是以明文形式保存的。如果要求源代码是不能公开的，那么一开始就不应该使用 Python 来编写程序。
- 多线程不能充分利用 CPU：由于 Python 自身的原因，在同一时间内，Python 的线程只有一条在 CPU 中运行，不能发挥出多核 CPU 的优势。

1.1.6　Python 生态圈

Python 生态圈是指 Python 第三方函数库的应用，这是突显 Python 优势的地方。

1．不同解释器的支持

- CPython：利用 C 语言开发的 Python 解释器，同时也是官方的解释器。
- IPython：基于 CPython 的一个交互式解释器，功能和 CPython 完全一样。
- PyPy：采用 JIT 技术，对 Python 代码进行动态编译（注意不是解释），可以显著提高 Python 代码的执行速度。
- Jython：运行在 Java 平台上的 Python 解释器，可以直接把 Python 代码编译成 Java 字节码执行。

2. 硬件编程

- MicroPython：语法与 Python 3 的语法基本一致，支持基于 32-bit 的 ARM 处理器，如 Arduino 开发板。

3. Web 应用开发

- Django：比较流行和成熟的 Web 开发框架，拥有众多的功能组件。
- Flask：微型 Web 开发框架，其主体使用简单的核心，功能依赖于第三方插件。
- web.py：轻量级 Web 开发框架，简单且功能强大。
- Tornado：Facebook 开发的高性能 Web 服务框架。

4. 科学计算与大数据分析

- NumPy：丰富的数值计算扩展工具，底层用 C 语言实现，运行速度非常快。
- SciPy：专门为科学和工程设计的 Python 科学计算工具包。
- NLTK：在自然语言处理领域比较常使用的一个工具包。
- scikit-learn：简单有效的机器学习模块。

5. 云计算

- OpenStack：完全利用 Python 实现的开源 IaaS 解决方案。
- GAE：SAE 等云计算 PaaS 平台都支持 Python。
- LibCloud：基于 Python 的云计算管理，支持 AWS、VMware 等各种平台。

6. 自动化测试

- Selenium：用于 Web 应用程序的自动化测试工具。
- unittest：Python 标准库中的自单元测试模块。
- nose：开源自动化测试框架，拥有各种成熟的插件。

1.1.7 谁在使用 Python

- 谷歌：谷歌地球、谷歌爬虫、谷歌广告等项目都在大量使用 Python。
- Instagram：美国最大的图片分享社交网站，每天超过 3000 万张照片被分享。使用 Django 作为后端。
- 豆瓣：拥有国内最大的电影社区，公司几乎所有的业务均是通过 Python 开发的。
- 知乎：国内最大的问答社区，通过 Python 开发。

1.2 Python 开发环境

Python 可以在多种平台开发运行，本书以 Windows 系统作为开发平台。Python 的系统内置 IDLE 编辑器可编写及运行 Python 程序，但其功能过于简单，本书以 Anaconda 作为开发环境，Anaconda 是一个开源的 Python 发行版本，不仅包含超过 300 种科学及数据分析组件，还内置了 Spyder 编辑器及 Jupyter Notebook 编辑器。

1.2.1　安装 Anaconda

Anaconda 是最优秀的 Python 开发环境，它具有以下特点。

- 省时省心：Anaconda 包含了 Python 开发环境和众多的第三方包，无须用户去逐个安装和配置，大大简化了工作流程。使用 Anaconda 用户不仅可以方便地安装、更新、卸载工具包，而且能自动安装相应的依赖包，同时还能使用不同的虚拟环境隔离不同要求的项目。
- 分析利器：Anaconda 是一款适用于企业级大数据分析的 Python 工具，它包含了 720 多个与数据科学相关的开源包，在数据可视化、机器学习、深度学习等多方面都有涉及。不仅可以进行数据分析，甚至还可以应用于大数据和人工智能领域。

安装 Anaconda 的步骤如下。

（1）为了提高下载速度，这里采用清华大学开源软件镜像站的资源，地址为 https://mirrors. tuna.tsinghua.edu.cn/anaconda/archive/，如果计算机系统是 32 位则选择 Anaconda3-5.2.0-Windows-x86.exe；如果计算机系统是 64 位则选择 Anaconda3-5.2.0-Windows-x86_64.exe。这里以 64 位版本作为演示，如图 1.1 所示。

图 1.1　Anaconda 下载网页

注意：Anaconsda 2 对应 Python 2，Anaconda 3 对应 Python 3，本书使用的 Anaconda 对应的 Python 版本为 3.6.5。

（2）下载后，找到文件并双击该文件开始安装，在开始界面单击 Next 按钮，然后在授权界面单击 I Agree 按钮，如图 1.2 所示。

（3）选择 All Users（requires admin privileges）单选按钮，单击 Next 按钮，如图 1.3 所示。如果是 Windows 10 系统则会弹出用户账户控制界面，选择"Yes"。

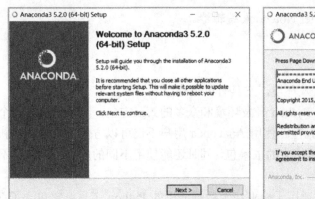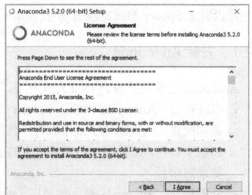

图 1.2　开始界面和授权界面

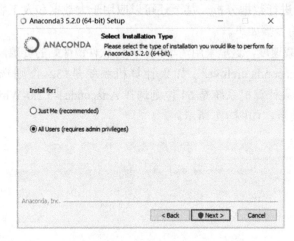

图 1.3　选择安装类型

（4）修改程序安装路径，单击 Next 按钮，如图 1.4 所示。

图 1.4　修改程序安装路径

（5）勾选两个复选框（若未勾选，则需要自行进行添加环境变量等操作），单击 Install 按钮，如图 1.5 所示。

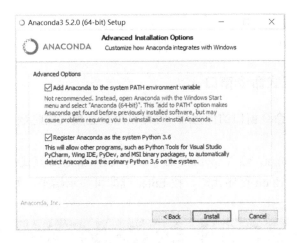

图 1.5　勾选两个复选框

（6）安装需要较长一段时间才能完成。出现如下界面（左图）后，单击 Next 按钮，再单击 Skip 按钮，去掉勾选复选框后单击 Finish 按钮，即可完成安装，如图 1.6 所示。

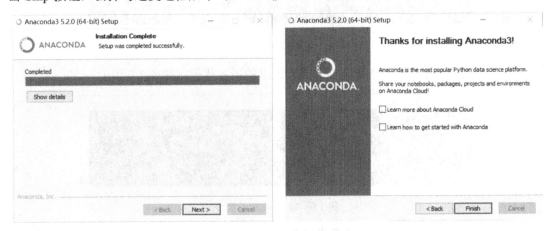

图 1.6　正在安装和完成安装

（7）安装完成后，在"开始/所有程序"下的 Anaconda3 中可以看到 5 个项目，比较常用的是 Anaconda Prompt、Jupyter Notebook 及 Spyder，如图 1.7 所示。

各项工具说明如下。

- Anaconda Navigator：用于管理工具包和环境的图形用户界面，后续涉及的众多管理命令也可以在 Anaconda Navigator 中手动实现。
- Anaconda Prompt：用于管理工具包和环境的命令行界面，通过此界面可以进入交互式 Python 解释器——IPython。
- Jupyter Notebook：基于 Web 的交互式计算环境，可以编辑易于人们阅读的文档，用于展示数据分析的过程。

图 1.7　Anaconda3(64-bit)目录下的 5 个项目

- Reset Spyder Settings：用于重置 Spyder 的设置。
- Spyder：一个使用 Python 跨平台的科学运算集成开发环境。

1.2.2 IPython 交互式命令窗口

IPython 是 Python 命令窗口的加强版，它可以用交互模式实时运行所输入的 Python 程序代码。

打开 Anaconda Prompt，输入 ipython 命令，进入 IPython 交互式命令窗口，在 IPython 交互式命令窗口中输入 Python 程序代码，按 Enter 键即可显示结果，如图 1.8 所示。

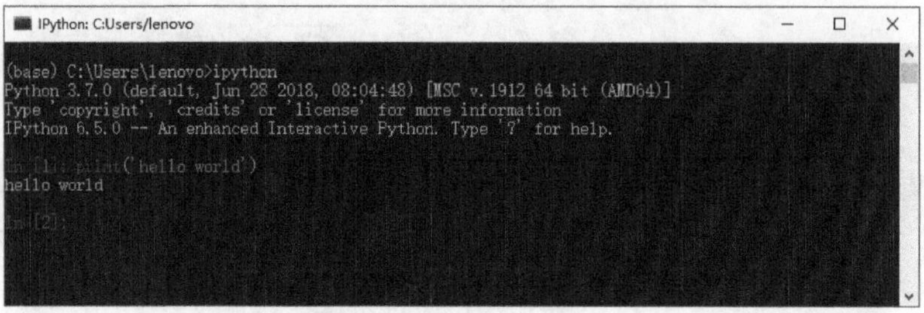

图 1.8　输入 Python 程序代码

输入 history 命令，可以查看前面曾经输入过的所有代码，如图 1.9 所示。

图 1.9　输入 history 命令

当我们遇到不懂的用法时，只需要在变量、命令、函数或套件等名称后面加上帮助符号"?"，就可以显示该名称的使用帮助，如图 1.10 所示。

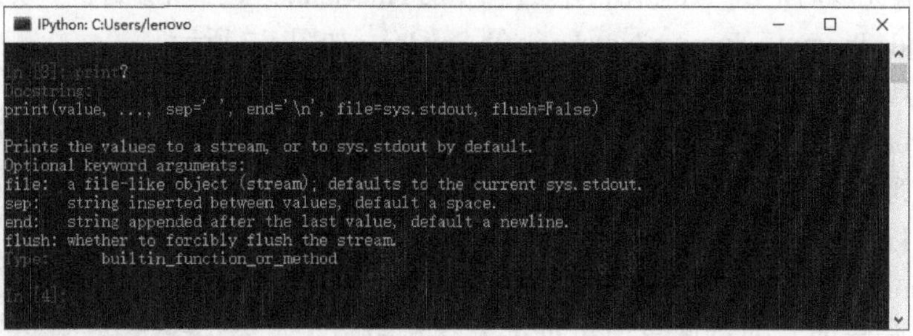

图 1.10　帮助符号

当我们遇到只记得部分字符的命令时，可以按 Tab 键把命令补全。如果输入字符的相关命令超过一个，则系统会列出所有命令的名称供用户选择。例如，输入"p"后按 Tab 键，如图 1.11 所示。

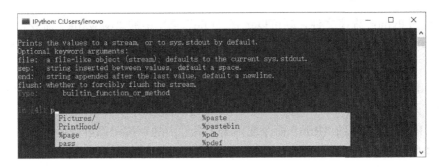

图 1.11　Tab 键提示输入

如果输入字符的相关命令只有一个，则系统会自动完成输入。例如，继续输入"Proc"后按 Tab 键，如图 1.12 所示，就会自动完成 ProcessLookupError 输入。

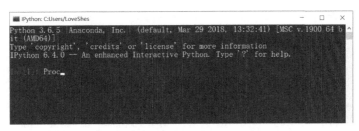

图 1.12　Tab 键自动匹配输入

1.2.3　Spyder 编辑器

运行 Spyder，即可打开 Spyder 编辑器。编辑器左侧是代码编辑区，用户可以在此区域编写代码；右上方为对象、变量、文件浏览区；右下方为命令控制台窗口区，包括 Python 控制台窗口和 IPython 控制台窗口，在此区域用户可以使用交互模式立即运行输入的 Python 程序代码，如图 1.13 所示。

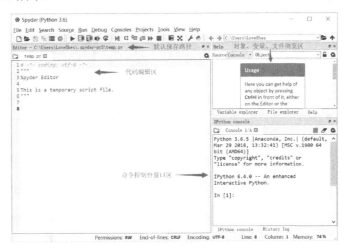

图 1.13　Spyder 编辑器

启动 Spyder 后，默认打开的.py 文件是"C:\Users\计算机名称\.spyder-py3\temp.py"。如

果要建立新的 Python 程序文件，则可以选择"File"菜单中的"New file"命令，或者单击工具栏中的 □ 按钮再保存。用户在编写代码的过程中要注意经常使用 Ctrl+S 组合键进行保存操作。

在 Spyder 编辑器中，还可以直接把文件管理器中的.py 文件拖入 Spyder 代码编辑区中，从而快速打开文件。

选择"Run"菜单中的"Run"命令或单击工具栏中的 ▶ 按钮都可以运行程序，运行结果会在命令控制台窗口区显示。例如，hello.py 程序的运行结果，如图 1.14 所示。

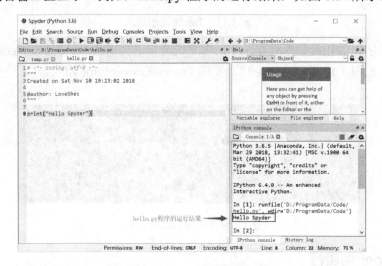

图 1.14   hello.py 程序的运行结果

Spyder 编辑器的输入功能和 IPython 命令窗口相似，但 Spyder 的操作方式要比 IPython 命令窗口的操作方式更方便。例如，用户输入"p"按 Tab 键将显示命令提示，如图 1.15 所示。

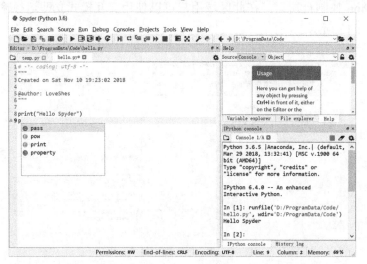

图 1.15   Spyder 的 Tab 键命令提示

用户按向上的方向键或向下的方向键，可以对命令范围进行选取，找到想要的命令后，按 Enter 键就能完成选择。例如，输入"property"，如图 1.16 所示。

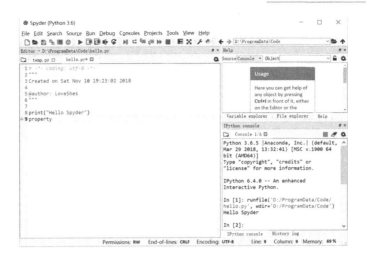

图 1.16　使用 Tab 键选择命令

在 Spyder 编辑器中输入 Python 程序代码时，系统会随时检查语法是否正确。如果出现错误，则会在该行程序左侧出现 ⚠ 图标，将鼠标光标移到 ⚠ 图标处，就会出现错误信息提示，如图 1.17 所示。

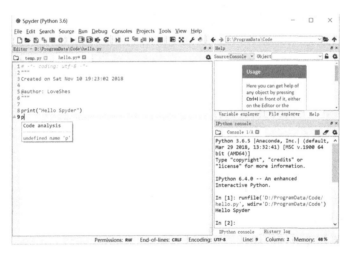

图 1.17　代码编辑区错误信息提示

我们可以为程序设置断点。方法为：单击要设置断点的程序行，按 F12 键，或者在要设置断点的程序行左侧双击。当程序行左侧显示红点时，表示该行已经设置了断点。一个程序中可以设置多个断点。设置断点后，如果想要取消断点，则可以在已经设置断点的程序行左侧双击，红点消失，如图 1.18 所示。

用调试模式执行程序。单击工具栏中的 ▶| 按钮会以调试模式执行程序，程序执行到断点时会停止（断点所在的行不执行）。此时，在 Spyder 编译器右上方单击 Variable explorer 标签，会显示所有变量的当前值以便用户查看，如图 1.19 所示。

Spyder 的调试工具栏提供了多种程序的运行方式，如单步运行、程序继续运行等，程序员可根据需要进行选择，再结合变量值进行排错，如图 1.20 所示。

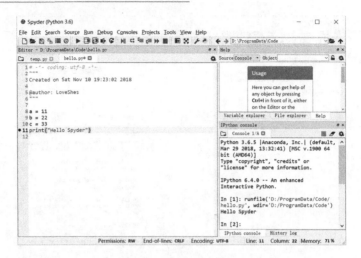

图 1.18   设置程序断点

图 1.19   单击 Variable explorer 标签

各按钮功能说明如下。

- ▶‖：以调试方式运行程序。
- ⟲：单步运行，不进入函数。
- ⟵：单步运行，会进入函数。

图 1.20   Spyder 调试工具栏

- ⟸：程序继续运行，直到由函数返回或到下一个断点才停止运行。
- ▶▶：程序继续运行，直到下一个断点才停止运行。
- ■：停止调试。

1.2.4   Jupyter Notebook 编辑器

Jupyter Notebook 是一个交互式代码编辑器，支持运行 40 多种编程语言。Jupyter 项目中的主要组件就是 notebook，这种交互式文档既可以用于编写代码，也可以使用 Markdown 语法进行带格式的文本输出，还可以用于数据可视化，其特点如下。

1．方便代码共享

- 导出多种文件类型。
- 通过 e-mail、GitHub 共享。

2．交互式部件

- 丰富的输出类型，如图像、视频、JavaScript、LaTeX 等。
- 交互式部件可以用于实时操作和可视化数据。

3．大数据整合

- 支持大数据工具，如 Spark、R、SCALA。
- 方便 pandas、scikit-learn、ggplot2、dplyr 等进行数据分析。

启动 Jupyter Notebook，就可以在浏览器中打开 Jupyter Notebook 编辑器。从地址栏"localhost:8889/tree"可知，这是系统在本机创建的一个网页服务器，默认路径是"C:\Users\用户名"，下方会列出默认路径中所有文件夹和文件。新建的文件也会存储在此路径中。右上方有 Upload 和 New 两个按钮，Upload 按钮用于上传文件到默认路径中，New 按钮用于新建文件或文件夹，如图 1.21 所示。

图 1.21　Jupyter Notebook 编辑器

单击 New 按钮，在下拉列表中选择 Python 3 选项，即可创建 Python 程序文件（Text File 选项用于创建文本文件，Folder 选项用于创建文件夹），如图 1.22 所示。

图 1.22　创建 Python 程序文件

Jupyter Notebook 以 Cell 作为输入及运行单位，用户在 Cell 中编写及运行程序，一个文件可包含多个 Cell。

单击 Untitled3，如图 1.23 所示，可以对文件名进行修改，单击 Rename 按钮，完成修改，如图 1.24 所示。

图 1.23　单击 Untitled3

图 1.24　修改文档名字

在 Cell 中输入 Python 代码，单击 Run 按钮运行程序，运行结果会在代码下方显示，如图 1.25 所示。

图 1.25　运行结果

如果无特殊说明，那么本书示例代码均在 Jupyter Notebook 中运行。

1.3　习题

1. 你知道哪些编程语言？试着写出来。
2. 简述 Python 的优点和缺点。
3. Python 分为哪几个版本，这些版本之间相互兼容吗？
4. Python 能应用于哪些领域？
5. 试着在 IPython 交互式命令窗口中输出"Hello Python"。
6. 试着在 Spyder 编辑器中输出"Hello Python"。
7. 试着在 Jupyter Notebook 编辑器中输出"Hello Python"。

第 2 章　Python 基本语法

2.1　变量

在 Python 中，变量是指表示（指向）特定值的名称，也就是说存储一个数据，我们需要一个容器，而变量就是这个容器。

2.1.1　变量的赋值

Python 作为一门动态语言，其变量可以不经过声明就直接使用，语法格式如下：

```
变量名称 = 变量值
```

注意：上面的"="不同于数学中的等号，这里的"="是赋值符号，作用是将右边的值赋给左边的变量。

例如，在内存中存储本金 1000 元就可以表示为：

```
money = 1000
```

以上示例是为一个变量赋值，Python 允许同时为多个变量赋值：

```
a = b = c = 1
```

这个示例创建了一个整型对象，值为 1，从右向左赋值，3 个变量被赋予相同的值。

回到最开始的问题，解释器会在程序运行时为不同的数据开辟不同的内存空间，将程序中的每一个变量名指向对应的内存地址，当代码需要用到这些变量的值时，解释器会根据变量名找到对应的内存地址，取出内存地址中的值，再进行接下来的计算。

Python 在使用变量时无须指定数据类型，Python 会根据变量值自动设定数据类型。

2.1.2　变量的命名规则

Python 中的变量命名有一定的规则，在编写程序时必须要遵守这些规则。

- 变量名只能包含英文字母、数字或下画线。
- 变量名的第一个字符不能是数字。
- 不能使用 Python 关键字来为变量命名。

Python 关键字如表 2-1 所示。

表 2-1　Python 关键字

and	break	continue	del	else	exec
for	global	import	is	not	pass
raise	try	with	assert	class	del
elif	except	finally	from	if	in
lambda	or	print	return	while	yield

以下是正确的变量命名：

x, _, x_6, X_6, mybook, my_book, MyBook, _hello, __helloworld__

注意：Python 区分字母大小写，所以 x_6 与 X_6 是不同的变量名。

以下是错误的变量命名：

and, 1, 100dollar, $100, 100_dollar, 100_00

注意：尽管 Python 3 支持使用中文来作为变量名，但是在任何时候都不应该使用中文变量名，因为这样输入会比较麻烦，而且会降低程序的可移植性。在实际程序开发时，尽量使用有意义的英文单词作为变量名。

2.2　数据类型

在 Python 3 中有 6 个标准的数据类型：Number（数字）、String（字符串）、List（列表）、Tuple（元组）、Set（集合）、Dictionary（字典）。在这 6 个标准数据类型中，Number、String 和 Tuple 是不可变的数据类型，List、Set 和 Dictionary 是可变的数据类型。接下来介绍 Number 类型和 String 类型，其他类型在后续章节会详细介绍。

2.2.1　数字类型和字符串类型

Python3 中的数字类型可以细分为整形、浮点型、布尔型和复数，数字类型和字符串类型说明如表 2-2 所示。

表 2-2　数字类型和字符串类型说明

数 据 类 型	说　　明
int（整型）	用于存储整数，在 Python 2 中表示长整型，如-24、0、31
float（浮点型）	用于存储小数，如 0.01、1.3、-6.5
complex（复数）	用于存储复数，如 3+ 4j、complex(3,4)
bool（布尔型）	只有两个取值，True 表示为真，False 表示为假，它们的值是 1 和 0，在 Python 2 中是没有布尔型的，它用数字 0 表示 False，用 1 表示 True。
String（字符串类型）	用于存储单个或一串字符，如"我的爱好是踢足球"、"我喜欢 Python 程序"

2.2.2　整型

Python 中的整型默认是以十进制表示的，除此之外，还可以表示二进制、八进制和十六进制。需要注意的是，从 Python 3 开始，不再保留长整型，统一为整型。

简单示例代码如下：

```
money = 1000
print(money)
print(type(money))
```

运行结果为：

```
1000
<class 'int'>
```

上述代码将 1000 赋值给变量 money，再将 money 变量的值和类型输出到控制台上，其中 type() 函数可以获取变量的类型。

在 Python 中要表示二进制需要加上前缀"0b"或"0B"，表示八进制需要加上前缀"0o"或"0O"，表示十六进制需要加上前缀"0x"或"0X"。使用 print() 函数打印变量值默认会输出十进制的值，示例代码如下：

```
a = 0b1010      # 二进制
b = 0o257       # 八进制
c = 0x1234      # 十六进制
print(a,type(a))
print(b,type(b))
print(c,type(c))
```

运行结果为：

```
10 <class 'int'>
175 <class 'int'>
4660 <class 'int'>
```

Python 直接支持很长的整数，其类型也为整型，示例代码如下：

```
var = 12345678901223456789012345678901122345678 90
print(var)
print(type(var))
```

运行结果为：

```
1234567890122345678901234567890122345 678 90
<class 'int'>
```

2.2.3　浮点型

Python 中的浮点型（float）用来处理浮点数，即带有小数的数字，可以用科学记数法表示。例如，-1.8、3.5、1e-5、6.7e15 都是浮点数，示例代码如下：

```
var1 = -1.8
var2 = 3.5
var3 = 1e-5
var4 = 6.7e15
```

```
print(var1, var2, var3, var4)
```

运行结果为：

```
-1.8 3.5 1e-05 6700000000000000.0
```

其中，1e-5 是科学记数法，表示 1×10^{-5}。同样，6.7e15 表示 6.7×10^{15}。

2.2.4 复数

复数由实数和虚数构成，在 Python 中可以用 a＋bj，或者 complex(a,b) 表示，复数的实数 a 和虚数 b 都是浮点型，示例代码如下：

```
var5 = 3 + 5j
var6 = complex(3.4e5, 7.8)
print(var5, type(var5))
print(var6, type(var6))
```

运行结果为：

```
(3+5j) <class 'complex'>
(340000+7.8j) <class 'complex'>
```

注意：在使用复数时，虚数 b 要写在虚数单位 j 之前，同时 b 与 j 之间不能有空格，否则解释器会报错。

2.2.5 布尔型

布尔型用来表示逻辑的真假，有且仅有两个值，True 表示为真，False 表示为假（注意字母大小写），示例代码如下：

```
i_love_you = True
you_love_me = False
print(i_love_you, type(i_love_you))
print(you_love_me, type(you_love_me))
```

运行结果为：

```
True <class 'bool'>
False <class 'bool'>
```

2.2.6 字符串

字符串是用英文双引号" "或英文单引号' '括起来的一个或多个字符。在 Python 中，双引号括起来的字符与单引号括起来的字符没有本质差别，但是必须要成对使用，字符串可以保存在变量中，也可以单独存在，示例代码如下：

```
var7 = 'Hello Python'
var8 = "Hello Python"
print(var7, type(var7))
print(var7, type(var7))
```

运行结果为:

```
Hello Python <class 'str'>
Hello Python <class 'str'>
```

如果一个字符串本身包含单引号(或双引号),可以用双引号(或单引号)将字符串括起来,示例代码如下:

```
var9 = "China's National Day"
var10 = 'He said "Hello" to me'
print(var9)
print(var10)
```

运行结果为:

```
China's National Day
He said "Hello" to me
```

当一个字符串有多行时,可以用三个单引号或三个双引号括起来,示例代码如下:

```
var11 = """这是第一行
这是第二行
这是第三行"""
print(var11)
```

运行结果为:

```
这是第一行
这是第二行
这是第三行
```

2.2.7 Python 中的注释

Python 中的注释分为单行注释和多行注释。单行注释在注释前面添加"#",注释内容从"#"号后开始,一直到换行后结束。多行注释用三个单引号或三个双引号括起来,示例代码如下:

```
print("这行没加注释,可以打印出来")
# print("这行加了注释,不能打印出来")

print("这句能打印出来")
'''print("这句不能打印出来")
print("这句也不能打印出来")
print("这句还不能打印出来")
'''

print("这句可以打印出来了")
```

运行结果为:

```
这行没加注释,可以打印出来
这句能打印出来
```

```
这句可以打印出来了
```

在编写 Python 代码时，避免不了会用到中文，这时需要在文件的开头加上中文注释：

```
方法一：#-*-coding:utf-8-*-
方法二：#coding:utf-8
```

2.2.8　数据类型的转换

在通常情况下，只有相同类型的变量才能进行运算，Python 提供了简单的数据类型的自动转换功能。如果是整型和浮点型运算，则系统会先将整数转换为浮点数再运算，运算结果为浮点型。例如：

```
num1 = 1 + 2.3        # 结果为3.3，浮点型
```

如果数型与布尔型运算，则系统会先将布尔值转换为数值再运算，True 表示为 1，False 表示为 0。例如：

```
num2 = 1 + True       # 结果为2，整型
```

如果系统无法自动进行数据类型转换，则要用数据类型转换函数手动进行强制转换。Python 的强制转换函数如下。

- int()：强制转换为整型，向下取整。
- float()：强制转换为浮点型。
- str()：强制转换为字符串型。

示例代码如下：

```
before = 20
rise = 9.8
newrise = int(rise)
now = before + newrise
print("新的市场份额是:",now)
```

运行结果为：

```
新的市场份额是: 29
```

字符串型和整型之间的转换通过 ord()函数和 chr()函数进行转换。

- ord()：获取单个字符的 ASCII 码值。
- chr()：根据一个 ASCII 码值给出对应的字符。

示例代码如下：

```
print(ord("a"))       # 只能是单个字符，多个字符系统会报错
print(chr(65))
```

运行结果为：

```
97
A
```

需要注意的是，当数字和字符串一起输出时，需要将数字强制转换为字符型，否则系统会报错，正确的代码如下：

```
year = 20
print("I'm " + str(year) + " years old.")
```

2.3　运算符与表达式

表达式由运算符（如加号、减号）与操作数（如 b、1 等）组成。运算符是一些符号，它告诉 Python 解释器去做一些数学或逻辑操作，进行操作的数据称为操作数。

运算符根据操作数的个数分为单目运算符和双目运算符。

- 单目运算符：只有一个操作数，如 "–1" 中的 "–"、"not a" 中的 "not" 等，单目运算符位于操作数的前面。
- 双目运算符：具有两个操作数的运算符，如 "1+1" 中的 "+"，双目运算符位于两个操作数之间。

2.3.1　赋值运算符

赋值运算符 "=" 用于对变量进行赋值操作，语法格式如下：

变量名 = 表达式

基本的赋值运算符只有 "="，为了让程序看起来更加紧凑，可以将基本赋值运算符与算术运算符结合起来形成复合赋值运算符，如表 2-3 所示。

表 2-3　基本赋值运算符

运　算　符	说　　明	示　　例
=	简单的赋值运算符	z = x + y，将 x+y 的值赋给 z
+=	加法赋值运算符	z += x 等价于 z = z + x
–=	减法赋值运算符	z –= x 等价于 z = z – x
*=	乘法赋值运算符	z *= x 等价于 z = z * x
/=	除法赋值运算符	z /= x 等价于 z = z / x
%=	取模赋值运算符	z %= x 等价于 z = z % x
**=	幂赋值运算符	z **= x 等价于 z = z ** x
//=	取整除赋值运算符	z //= x 等价于 z = z // x

2.3.2　算术运算符

用于执行普通算术运算的运算符称为算术运算符。常见的算术运算符有 +、–、*、/、//、% 等，如表 2-4 所示。以下假设变量 x=10，y=3。

表 2-4　算术运算符

运　算　符	说　　明	示　　例
+	加：两个数相加	x + y 结果为 13

续表

运 算 符	说　　明	示　　例
−	减：一个数减去另一个数	x − y 结果为 7
*	乘：两个数相乘	x * y 结果为 30
/	除：一个数除以另一个数	x / y 结果为 3.3333333333333335
%	取模：返回除法的余数	x % y 结果为 1
**	幂：返回 x 的 y 次幂	x ** y 为 10^3，结果为 1000
//	整除：返回商的整数部分	x // y 结果为 3

注意：Python 参与整除（//）运算的数可以为小数，其整除运算的实质是返回 x 除以 y 的整数部分，如 10.1//2.1=4。

2.3.3　关系运算符

在生活中，我们常常会用到比较运算，如比较高低、大小、长短。关系运算符就是用来进行比较运算的，比较运算的结果为 True 或 False，如表 2-5 所示。下述列表中的 x、y 均可为数（对象）或关系运算表达式，以下假设变量 x=3，y=10。

表 2-5　关系运算符

运 算 符	说　　明	示　　例
==	等于：比较 x 是否等于 y	(x == y) 结果为 False
!=	不等于：比较 x 是否不等于 y	(x != y) 结果为 True
<>	不等于：等价于!=	(x <> y) 结果为 True
>	大于：返回 x 是否大于 y	(x > y) 结果为 False
<	小于：返回 x 是否小于 y	(x < y) 结果为 True
>=	大于或等于：返回 x 是否大于或等于 y	(x >= y) 结果为 False
<=	小于或等于：返回 x 是否小于或等于 y	(x <= y) 结果为 True

注意：布尔变量 True 等价于 1（1.0），False 等价于 0（0.0）。

2.3.4　逻辑运算符

逻辑运算符用于对一个或多个表达式进行逻辑运算，逻辑运算的结果为 True 或 False。逻辑运算符如表 2-6 所示。

表 2-6　逻辑运算符

运 算 符	说　　明	示　　例
and	逻辑与：如果 x 为 False（零值），则结果为 x，否则结果为 y	x and y
or	逻辑或：如果 x 为 True（非零值），则结果为 x，否则结果为 y	x or y
not	逻辑非：如果 x 为 True（非零值），则结果为 False，否则结果为 True	not x

需要注意的是，在逻辑运算中，非零值看作 True，零值看作 False，详细说明如下。
- 零值：0、0.0、0+0j、空字符、[]、()、{}、None。
- 非零值：除此之外均为非 0 值。

示例代码如下：

```
print(10 and 20+5)        # 10 为非 0 值，结果为 25
print(10 or 20+5)         # 10 为非 0 值，结果为 10


print(0 and 20+5)         # 结果为 0
print(0 or 20+5)          # 结果为 25


print(not True)           # 结果为 False
print(not False)          # 结果为 True
print(not 1)              # 结果为 False
print(not 0)              # 结果为 True
```

在 Python 中，False 只与 0（或者 0.0、0j）相等，True 只与 1（或者 1.0）相等，非 0 的值只是在逻辑运算中当作 True，但并不等于 True，示例代码如下：

```
print(0 == False)         # 结果为 True
print(1 == True)          # 结果为 True
print(5 == True)          # 结果为 False
```

2.3.5　运算符的优先级

当多个运算符同时出现在同一个表达式时，需要确定各个运算符的优先顺序，在 Python 中，运算符的优先级为：

算术运算符 > 关系运算符 > not > and > or > 赋值运算符

算术运算符的优先级从高到低，位于同一行的具有相同的优先级，按照从左到右的顺序进行运算：

幂：**
正负号：+x、−x
乘法、除法、整除与取余：*、/、//、%
加法与减法：+、−

此外，在需要优先计算的地方加上圆括号，可以改变运算的优先级。

2.4　数据的输入与输出

2.4.1　print()函数

print()函数用于向控制台输出指定对象的内容，语法格式如下：

print(对象 1[, 对象 2, ..., sep=分隔符, end=终止符])

其中，方括号[]括起来的部分表示可选，不强制要求输入。

- 对象 1,对象 2,...：print() 函数可以一次打印多个对象，对象之间使用 "," 分隔。
- sep：设定分隔符。如果要输出的多个对象之间需要用指定的字符进行分隔，则可以提供此参数进行设置，默认值为一个空格符。

- end：设定终止符。输出完毕后自动添加的字符，默认值为换行符 "\n"，所以下一次执行 print()函数时会输出在下一行。如果不需要换行显示则需要指定 end=""，示例代码如下：

```
print("Hello Golang", "Hello PHP")              # 默认换行，以空格作为分隔符
print("Hello Java | ", end="")                  # 此行输出后不换行
print("Hello Word", "Hello Python", sep="#")    # 以 "#" 作为分隔符
```

运行结果为：

```
Hello Golang Hello PHP
Hello Java | Hello Word#Hello Python
```

2.4.2 转义符

在计算机中，有一类特殊的字符无法直接输出，如换行符、制表符等，这时就需要用到转义符，Python 中的转义符使用反斜杠 "\" 表示。

常见的转义符如表 2-7 所示。

表 2-7 常见的转义符

转 义 符	说 明
\	在行尾时，表示续行符
\\	输出反斜杠
\'	输出单引号
\"	输出双引号
\n	输出换行符
\t	输出制表符

示例代码如下：

```
# 输出购物清单
print('\t\t\t 购物清单')
print('商品名称\t',  end='')
print('购买数量\t',  end='')
print('商品单价\t', end='')
print('金额')

print('苹果\t', end='')
print('\t   1\t', end='')
print('\t   8\t', end='')
print('\t   8')

print('香蕉\t', end='')
print('\t   2\t', end='')
print('\t   4\t', end='')
print('\t   8')
```

运行结果为:

	购物清单		
商品名称	购买数量	商品单价	金额
苹果	1	8	8
香蕉	2	4	8

2.4.3　多行显示

不同于其他编程语言,Python 没有强制的语句终止符,在 Python 语句中一般以新行(换行)作为语句的结束符。

在实际的编程环境中,我们可能会遇到某些行的代码过长的问题。同时,Python 规范也建议了 Python 代码一行最好不超过 80 个字符,这时就需要将一行 Python 代码多行显示,下面的示例代码就展示了这个问题:

```
thisIsaVeryLongVariableName1 = 1
thisIsaVeryLongVariableName2 = 2
thisIsaVeryLongVariableName3 = 3

plusResult = thisIsaVeryLongVariableName1 + thisIsaVeryLongVariableName2 +
            thisIsaVeryLongVariableName3

print(plusResult)
```

运行代码系统会直接报错,原因是直接输入换行符并不能达到想要的效果,因为 Python 没有语句终止符,直接换行会被解释器认为是新的一行,从而出现系统报错。

我们可以通过转义符来实现代码换行的效果,在需要换行的地方添加一个转义符 "\",再按 Enter 键,这时换行所产生的换行符就会被转义,从而解释器就不会误认为是新的一行,示例代码如下:

```
thisIsaVeryLongVariableName1 = 1
thisIsaVeryLongVariableName2 = 2
thisIsaVeryLongVariableName3 = 3

plusResult = thisIsaVeryLongVariableName1 + \
thisIsaVeryLongVariableName2 + \
thisIsaVeryLongVariableName3

print(plusResult)
```

运行结果为:

```
6
```

2.4.4　input()函数

input()函数用于让用户使用"标准输入设备"输入数据,如果没有特别设置,"标准输入设备"就是键盘。input() 函数的语法格式如下：

```
变量 = input([提示字符串])
```

上述语法表示让程序暂停运行，等待用户输入一些文本，示例代码如下：

```
price = input('input the stock price of Apple: ')
print(price)
print(type(price))
```

运行代码后，输入 109，然后按 Enter 键，运行结果为：

```
input the stock price of Apple: 109
109
<class 'str'>
```

用户输入的数据会存储在指定的变量中。"提示字符串"是可选的，用来表示输出一段提示信息，告诉用户如何输入，提示信息不会被存储到变量中。输入数据时，当用户按下 Enter 键后就被认为输入结束，input()函数会把用户输入的数据以字符串的形式存储到变量中。如果用户想要获取数值，则可以使用强制类型转换来将内容为数字的字符串转换为数值，或者用 eval()函数将字符串当作表达式来求值并返回计算结果，示例代码如下：

```
price1 = int(input('input the stock price of Apple: '))
price2 = eval(input('input the stock price of Apple: '))
print(price1, type(price1), sep='---')
print(price2, type(price2), sep='---')
```

运行代码后，输入两次 109，运行结果为：

```
input the stock price of Apple: 109
input the stock price of Apple: 109
109---<class 'int'>
109---<class 'int'>
```

2.4.5　格式化字符串

如果想要输出全班同学的成绩，我们观察到，每条信息都存在着大量的重复内容，只有其中的姓名和分数不同。这时，我们可以创建一个模板字符串，然后往这个模板字符串里面填入不同的数据，这个过程就叫作格式化字符串。

```
小明 语文：88，数学：97，英语：84
小红 语文：90，数学：98，英语：80
小刚 语文：88，数学：90，英语：100
```

提取的字符串模板如下：

```
{} 语文：{}，数学：{}，英语：{}
```

在 Python 中，格式化字符串的方式有两种，一种是使用%s、%d、%f 等格式符占位，另一种是使用 format()方法。Python 从 2.6 版本开始支持 format()方法，它是一种更加容易读懂的字符串格式化方法，这里我们采用 format()方法格式化字符串。

format()方法格式化字符串的语法格式如下：

<模板字符串>.format(<逗号分隔的参数>)

format()方法的使用示例如图 2.1 所示。

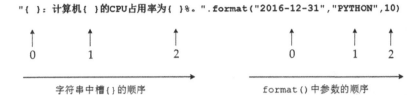

图 2.1　format()方法的使用示例

这里的花括号{}表示占位槽，如果{}中没有内容，则默认从 0 开始匹配 format()方法里面的参数。

format()方法可以使用带参数序号的占位槽，如图 2.2 所示。

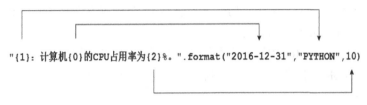

图 2.2　format()方法使用带参数序号的占位槽

format()方法也可以使用关键字的占位槽，代码如下

"{date}:计算机{lang}的 CPU 占用率为{percent}%。".format(date="2016-12-31",lang="PYTHON", percent=10)

在 format()方法中模板字符串的槽除了包括参数序号，还可以包括格式控制标记。使用{}和:来指定占位符，其完整的语法格式为：

{[参数序号][: [填充] 对齐] [符号] [#] [宽度] [.精度] [类型]] }

其中，格式控制标记用来控制参数显示时的格式。格式控制标记包括：<填充>、<对齐>、<宽度>、<,>、<.精度>、<类型>7 个字段，使用时不用写出"<>"，其中":"为引导符号，除引导符号外，其他字段都是可选的，可以组合使用，这里按照使用方式逐一介绍，如表 2-8 所示。

表 2-8　format()方法格式控制标记

格式控制标记	说　　明
:	引导符号
<填充>	用于填充的单个字符
<对齐>	< 左对齐，> 右对齐，^ 居中对齐
<宽度>	槽的设定输出宽度
<,>	数字的千位分隔符，适用于整数和浮点数
<.精度>	浮点数小数部分的精度或字符串的最大输出长度
<类型>	整数类型：b、c、d、o、x、X 浮点数类型：e、E、f、%

回到最初的示例，我们可以这样设置模板字符串：

```
f = "{} 语文：{:2.0f}，数学：{:2.0f}，英语：{:2.0f}"
print(f.format("小明", 88.5, 97, 84))
print(f.format("小红", 90.5, 97, 80))
print(f.format("小刚", 88.5, 90, 100))
```

运行结果为：

```
小明 语文：88，数学：97，英语：84
小红 语文：90，数学：97，英语：80
小刚 语文：88，数学：90，英语：100
```

2.5 math 库简介

math 库是 Python 提供的内置数学类函数库，不支持复数类型，Python 一共提供了 4 个数学常数和 44 个函数。44 个函数分为 4 类，包括 16 个数值表示函数、8 个幂对数函数、16 个三角双曲函数和 4 个高等特殊函数。

在 Python 中，使用 math 库中的函数有两种方式，一种是使用"import <库名>"引用 math 库，对 math 库中的函数采用 "<库名>.<函数名>()" 的形式使用。其中，ceil()函数返回数字的向上取整结果：

```
import math
math.ceil(10.2)
```

运行结果为：

```
11
```

另一种是采用 "from <库名> import <函数名>" 来导入该函数，对该函数可以直接采用 "<函数名>()" 的形式使用。其中，floor()函数返回数字的向下取整结果：

```
from math import floor
floor(10.2)
```

运行结果为：

```
10
```

2.5.1 数学常数

math 库包括 4 个数学常数，如表 2-9 所示。

表 2-9 数学常数

数 学 常 数	数 学 表 示	说　明
math.pi	π	圆周率，值为 3.141592653589793
math.e	e	自然对数，值为 2.718281828459045
math.inf	$+\infty$	正无穷大，负无穷大为-math.inf
math.nan	NaN	非浮点数标记，NaN（Not a Number）

2.5.2 数值表示函数

math 库包括 16 个数值表示函数，常用的数值表示函数如表 2-10 所示。

表 2-10 常用的数值表示函数

函 数	数学表示	说 明
math.fabs(x)	$\|x\|$	返回 x 的绝对值
math.fmod(x, y)	$x \% y$	返回 x 与 y 的模
math.fsum([x,y,…])	$x+y+…$	浮点数精确求和
math.ceil(x)	$\lceil x \rceil$	向上取整，返回不小于 x 的最小整数
math.floor(x)	$\lfloor x \rfloor$	向下取整，返回不大于 x 的最大整数
math.factorial(x)	$x!$	返回 x 的阶乘，如果 x 是小数或负数，则返回 ValueError
math.gcd(a, b)		返回 a 与 b 的最大公约数
math.frepx(x)	$x = m \times 2e$	返回(m, e)，当 x=0 时，返回(0.0, 0)
math.ldexp(x, i)	$x \times 2i$	返回运算值，math.frepx(x)函数的反运算
math.modf(x)		返回 x 的小数和整数部分
math.trunc(x)		返回 x 的整数部分
math.isnan(x)		如果 x 是 NaN，则返回 True；否则返回 False

2.5.3 幂对数函数

math 库中包括 8 个幂对数函数，如表 2-11 所示。

表 2-11 幂对数函数

函 数	数学表示	说 明
math.pow(x,y)	x^y	返回 x 的 y 次幂
math.exp(x)	e^x	返回 e 的 x 次幂，e 是自然对数
math.expml(x)	e^x-1	返回 c 的 x 次幂减 1
math.sqrt(x)	$\sqrt{2}$	返回 x 的平方根
math.log(x[,base])	$\log_{base}x$	返回 x 的以 base（默认值为 e）为底的对数值
math.log1p(x)	$\ln x$	返回 1+x 的自然对数（以 e 为底）值
math.log2(x)	$\log_2 x$	返回 x 的以 2 为底的对数值
math.log10(x)	$\log_{10}x$	返回 x 的以 10 为底的对数值

2.5.4 三角双曲函数

math 库包括 16 个三角双曲函数，常用的三角双曲函数如表 2-12 所示。

表 2-12 常用的三角双曲函数

函 数	数学表示	说 明
math.degree(x)		角度 x 的弧度值转角度值
math.radians(x)		角度 x 的角度值转弧度值
math.hypot(x,y)	$\|(x,y)\|$	返回(x,y)坐标到原点(0,0)的距离
math.sin(x)	$\sin x$	返回 x 的正弦函数值，x 是弧度值

续表

函　　数	数 学 表 示	说　　明
math.cos(x)	cos x	返回 x 的余弦函数值，x 是弧度值
math.tan(x)	tan x	返回 x 的正切函数值，x 是弧度值
math.sinh(x)	sinh x	返回 x 的双曲正弦函数值
math.cosh(x)	cosh x	返回 x 的双曲余弦函数值
math.tanh(x)	tanh x	返回 x 的双曲正切函数值
math.asinh(x)	arcsinh x	返回 x 的反双曲正弦函数值
math.acosh(x)	arccosh x	返回 x 的反双曲余弦函数值
math.atanh(x)	arctanh x	返回 x 的反双曲正切函数值

2.5.5　高等特殊函数

math 库包含 4 个高等特殊函数，如表 2-13 所示。

表 2-13　高等特殊函数

函　　数	说　　明
math.erf(x)	高斯误差函数，应用于概率论、统计学等领域
math.erfc(x)	余补高斯误差函数，math.erfc(x)=1−math.erf(x)
math.gamma(x)	伽马函数，又称为欧拉第二积分函数
math.lgamma(x)	伽马函数的自然对数

2.6　综合练习

2.6.1　天天向上的力量

一年 365 天，以第 1 天的能力值为基数，记为 1.0，当好好学习时能力值相比前一天提高 1‰（千分之一），当放任时由于遗忘等原因能力值相比前一天下降 1‰。每天努力和每天放任，一年下来的能力值相差多少，我们使用 Python 代码计算一下：

```
import math
dayup = math.pow((1.0 + 0.001), 365)          # 提高 0.001
daydown = math.pow((1.0 − 0.001), 365)         # 放任 0.001
print("向上: {:.2f}, 向下: {:.2f}".format(dayup, daydown))
```

运行结果为：

```
向上: 1.44, 向下: 0.69
```

即每天努力 1‰，一年下来将提高 44%，好像不多。我们继续分析。

一年 365 天，当好好学习时能力值相比前一天提高 5‰，当放任时能力值相比前一天下降 5‰。效果又相差多少，我们使用 Python 代码计算一下：

```
import math
dayup = math.pow((1.0 + 0.005), 365)          # 提高 0.005
```

```
daydown = math.pow((1.0 - 0.005), 365) # 放任 0.005
print("向上: {:.2f}, 向下: {:.2f}".format(dayup, daydown))
```

运行结果为:

```
向上: 6.17, 向下: 0.16
```

即每天努力 5‰, 一年下来将增加到 6 倍, 这个不容小觑吧!

下面我们再计算一下, 一年 365 天, 当好好学习时能力值相比前一天提高 1%, 当放任时能力值相比前一天下降 1%。效果又相差多少, 我们使用 Python 代码计算一下:

```
import math
dayfactor = 0.01
dayup = math.pow((1.0 + dayfactor), 365)       # 提高 0.01
daydown = math.pow((1.0 - dayfactor), 365)     # 放任 0.01
print("向上: {:.2f}, 向下: {:.2f}".format(dayup, daydown))
```

运行结果为:

```
向上: 37.78, 向下: 0.03
```

即每天努力 1%, 一年下来将增加到 37 倍, 这个相当惊人吧!

一年 365 天, 一周 5 个工作日, 如果每个工作日都很努力, 能力值每天提高 1%, 仅在周末放任一下, 能力值每天下降 1%, 效果又相差多少, 我们使用 Python 代码计算一下:

```
dayup, dayfactor = 1.0, 0.01
for i in range(365):
    if i % 7 in (6, 0): # 周六、周日
        dayup = dayup * (1 - dayfactor)
    else:
        dayup = dayup * (1 + dayfactor)
print("向上 5 天向下 2 天的力量: {:.2f}.".format(dayup))
```

运行结果为:

```
向上 5 天向下 2 天的力量: 4.63
```

每周努力 5 天, 而不是每天都在努力, 一年下来, 水平仅是初始的 4.63 倍, 与每天坚持所增加到的 37 倍相差甚远。

如果对实例代码的结果感到意外, 那么自然会产生如下问题, 每周工作 5 天, 休息 2 天, 休息日水平下降 1%, 工作日要努力到什么程度一年后的水平才与每天努力 1% 所取得的效果一样呢? 我们使用 Python 计算一下:

```
def dayUP(df):
    dayup = 0.01
    for i in range(365):
        if i % 7 in [6, 0]:
            dayup = dayup * (1 - df)
        else:
            dayup = dayup * (1 + df)
    return dayup
```

```
dayfactor = 0.01
while (dayUP(dayfactor)<37.78):
    dayfactor += 0.001
print("每天的努力参数是: {:.3f}".format(dayfactor))
```

运行结果为：

每天的努力参数是: 0.057

如果每周连续努力 5 天，休息 2 天，为了达到每天努力 1%所达到的水平，就需要在工作日每天努力提升 5.7%，这就是天天向上的力量。

2.6.2 购物结算一

某顾客是商场的会员，会员从商场买东西可以享受购物 8 折的优惠，该顾客购物清单如表 2-14 所示，请编写程序计算实际消费金额。

表 2-14 顾客购物清单

物　　品	shirt	shoe	pad
价　　格	245 元	570 元	320 元
购买数量	2 件	1 双	1 件

我们可以用 6 个变量分别存储 3 类物品的价格和 3 类物品的购买数量，再用 1 个变量存储折扣，最后通过表达式计算顾客的实际消费金额，并输出到控制台上，示例代码如下：

```
shirtPrice = 245
shoePrice = 570
padPrice = 320
shirtNo = 2
shoeNo = 1
padNo = 1
discount = 0.8
finalPay =(shirtPrice * shirtNo + shoePrice*shoeNo + padPrice * padNo) * discount
print("消费总金额:", finalPay)
```

运行结果为：

消费总金额: 1104.0

2.6.3 购物结算二

还是这位顾客，他想知道自己购物的详细信息，请编写程序模拟打印购物小票信息。该程序的重点在于 print()函数、转义符和格式化字符串的使用。

需要注意的是，在同一个 Jupyter Notebook 文件中，每个 Cell 运行之后，变量都会保存在内存中，所以这段程序可以直接使用上一段程序中的变量而系统不会报错，示例代码如下：

```
returnMoney = 1500 - finalPay;

print("***********消费￥***********")
```

```
print("购买物品","单价","个数","金额", sep='\t\t')
print("T 恤\t\t\t￥{0}\t{1}\t\t￥{2}".format(shirtPrice, shirtNo, (shirtPrice * shirtNo)))
print("网球鞋\t\t\t￥{0}\t{1}\t\t￥{2}".format(shoePrice, shoeNo, (shoePrice * shoeNo)))
print("网球拍\t\t\t￥{0}\t{1}\t\t￥{2}".format(padPrice, padNo, (padPrice * padNo)))
print("折扣: \t\t 8 折")
print("消费总金额\t\t￥{0}".format(finalPay))
print("实际交费\t\t ￥1500.0")
print("找钱\t\t\t￥{0}".format(returnMoney))
```

运行结果为：

```
************消费￥***********
购买物品        单价        个数        金额
T 恤          ￥245        2          ￥490
网球鞋         ￥570        1          ￥570
网球拍         ￥320        1          ￥320
折扣:          8 折
消费总金额       ￥1104.0
实际交费        ￥1500
找钱           ￥396.0
```

2.6.4　模拟抽奖

商场推出幸运抽奖活动，当客户的 4 位会员号的各位数字之和大于 20 时，为幸运客户，请编写程序判断该客户是否为幸运客户。

实现思路如下。

（1）接收输入的会员号。

（2）分解并获得各位数字。

（3）计算各位数字之和。

（4）判断各位数字之和是否大于 20。

示例代码如下：

```
custNo = int(input("请输入 4 位会员号："))
gewei = custNo % 10
shiwei = (custNo / 10) % 10
baiwei = (custNo / 100) %10
qianwei = custNo / 1000
sum = gewei + shiwei + baiwei + qianwei
print("会员号", custNo, "各位之和：", sum)
print("是幸运客户吗?", sum>20)
```

运行代码，输入 2113，结果为：

```
请输入 4 位会员号：2113
会员号 2113 各位之和：7.54300000000001
是幸运客户吗? False
```

我们可以看到，上述计算结果出错，4 位数字之和并不等于一个整数，问题出在哪儿呢？

前文说过，Python 3 中的除法"/"会将参与除法运算的数先转换为浮点数再参与除法运算，由于计算机内部是以二进制数进行存储的，二进制数转换为十进制数会有精度损失，所以上述运行结果会出错。并且，一个非整数对整数取余也不可能得到一个整数。

可以在计算十位之前先将个位减去再进行取余操作，也可以利用 int()函数进行强制类型转换，这里我们采用强制类型转换，示例代码如下：

```
custNo = int(input("请输入 4 位会员号："))
gewei = int(custNo % 10)
shiwei = int((custNo/10) % 10)
baiwei = int((custNo/100) % 10)
qianwei = int(custNo / 1000)
sum = gewei + shiwei + baiwei + qianwei
print("会员号", custNo, "各位之和： ", sum)
print("是幸运客户吗?", sum>20)
```

运行代码，输入 2113，结果为：

```
请输入 4 位会员号：2113
会员号 2113 各位之和：7
是幸运客户吗? False
```

可以看到，这次是我们想要的运行结果。

2.7　习题

1. 解释 Python 中"/"和"//"的区别。
2. 输入任意一个实数 a，输出其绝对值。
3. 输入直角三角形的两个直角边的长度 a、b，计算斜边 c 的长度。
4. 在习题 2 中的程序中适当的地方插入注释。
5. 输入圆的直径 b，计算其面积 s。
6. 输入一个 4 位整数，将各个位数拆分显示，例如，输入为 1234，输出：

```
1234 的千位是 1，百位是 2，十位是 3，个位是 4。
```

7. 从键盘接收<名字 1>、<名字 2>和<年龄>，在屏幕上显示如下内容：

```
我叫<名字 1>，我今年<年龄>岁了，
我的好朋友是<名字 2>。
```

第3章 选择结构

3.1 程序的基本结构

3.1.1 程序的流程图

程序流程图用一系列图形、流程线和文字说明描述程序的基本操作和控制流程,它是程序分析和过程描述的基本方式。

程序流程图包括 7 种基本元素,如图 3.1 所示。

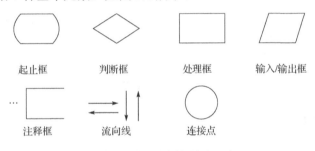

起止框   判断框   处理框   输入/输出框

注释框   流向线   连接点

图 3.1 程序流程图的基本元素

下面将用流程图来展示程序的运行流程。

3.1.2 程序的基本结构组成

程序由三种基本结构组成:顺序结构、分支结构和循环结构,这些基本结构都有一个入口和一个出口。顺序结构是程序的基础,但是单一的顺序结构不可能解决所有问题。任何程序都由这三种基本结构组成。

顺序结构是程序按照线性顺序依次执行的一种运行方式,其中,语句块 1 和语句块 2 表示一个或一组顺序执行的语句,如图 3.2 所示。

分支结构是程序根据条件判断结果而选择不同向前执行路径的一种运行方式,包括单分支结构和二分支结构,如图 3.3 所示。二分支结构会组合形成多分支结构。

循环结构是程序根据条件判断结果向后反复执行的一种运行方式,根据循环体触发条件不同,包括条件循环结构和遍历循环结构,如图 3.4 所示。

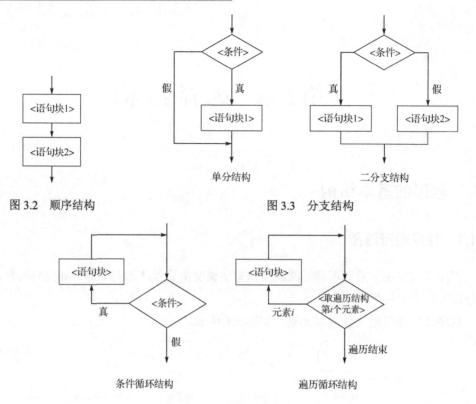

图 3.2 顺序结构   图 3.3 分支结构

图 3.4 循环结构

3.1.3 基本结构实例

对于一个计算问题，可以使用 IPO、流程图或直接以 Python 代码方式描述。例如，计算半径为 R 的圆的面积和周长。

（1）问题的 IPO 描述如下：

输入：圆半径 R
处理：
圆面积：S = π*R*R
圆周长：L = 2*π*R
输出：圆面积 S、周长 L

（2）问题的流程图描述如图 3.5 所示。

（3）问题的 Python 代码如下：

```
R = eval(input("请输入圆半径："))
S = 3.1415*R*R
L = 2*3.1415*R
print("面积和周长：",S,L)
```

输入 2，运行结果为：

请输入圆半径：2
面积和周长：12.566 12.566

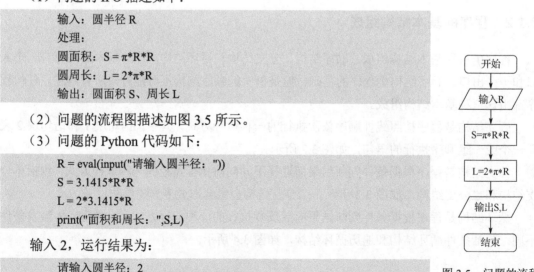

图 3.5 问题的流程
图描述

IPO、流程图和代码三者的特点如下。

- IPO 是指结构化设计中变换型结构的输入（Input）、加工（Processing）、输出（Output）。主要用于区分程序的输入输出关系，重点在于结构划分，算法主要采用自然语言描述。
- 流程图描述侧重于描述算法的具体流程关系，流程图的结构化关系相比自然语言描述更进一步，有助于阐述算法的具体操作过程。
- Python 代码的描述是程序的实现过程，最为细致。

3.2　选择结构

在日常生活中，我们经常会遇到一些需要做决策的情况，再根据决策结果进行不同的操作，这时就需要用到选择结构了。

3.2.1　单分支条件语句

单分支条件语句（if）是根据条件判断之后再进行处理，如果满足条件则执行语句内的代码块，否则跳过该代码块。

1. 基本的 if 选择结构

语法格式如下：

```
if(条件):  # 括号不是必须的，所以也可写成"if 条件:"
    <代码块>
```

注意：在 Python 中并没有一个符号用来包裹代码块，Python 中的代码块是通过缩进来指示的，缩进表示一个代码块的开始，逆缩进则表示一个代码块的结束。声明以冒号":"字符结束，并且开启一个缩进级别。Python 中的一个缩进用 Tab 键或 4 个空格来表示，在一个程序中不能将 Tab 键与 4 个空格混用，推荐在 Python 中统一使用 4 个空格来达到缩进的目的。

单分支条件语句流程图如图 3.6 所示。

例如，如果郝佳的考试成绩大于 90 分，他就能获得一个本子作为奖励，描述如下：

```
if 郝佳的考试成绩 > 90:
    获得一个本子作为奖励
```

示例代码如下：

```
score = int(input("输入郝佳的考试成绩："))
if score > 90:
    print("老师说：不错，奖励一个本子！")
```

输入 91，运行结果为：

```
输入郝佳的考试成绩：91
老师说：不错，奖励一个本子！
```

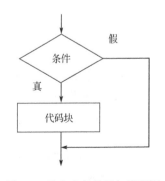

图 3.6　单分支条件语句流程图

2. 使用复杂条件下的 if 选择结构

例如，如果郝佳的语文成绩大于 98 分，并且数学成绩大于 80 分，老师会奖励他一支笔；或者语文成绩等于 100 分，数学成绩大于 70 分，老师也会奖励他一支笔，示例代码如下：

```
cscore = 100
mscore = 72
if cscore>98 and mscore>80 or cscore==100 and mscore>70:
    print("老师说：不错，奖励一支笔！")
```

运行结果为：

```
老师说：不错，奖励一支笔！
```

3.2.2 双分支条件语句

双分支条件语句（if...else）用来处理拥有两个分支的选择结构，如果满足条件，则执行代码块 1，否则执行代码块 2。

语法格式如下：

```
if(条件):
    <代码块 1>
else:
    <代码块 2>
```

双分支条件语句流程图如图 3.7 所示。

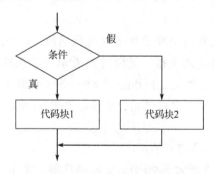

图 3.7　双分支条件语句流程图

例如，如果郝佳语文成绩大于 98 分，老师就奖励他一个本子，否则老师就罚他进行编程练习，示例代码如下：

```
score = 91
if score > 98:
    print("老师说：不错，奖励一个本子！")
else:
    print("老师说：惩罚进行编程！")
```

运行结果为：

```
老师说：惩罚进行编程！
```

3.2.3 多分支条件语句

在前文我们学习了单分支条件语句和双分支条件语句，如果一个程序对于同一个问题有多个选择，且每个选择都对应着一个处理，则我们可以利用前文学到的单分支条件语句逐个进行判断，但是十分烦琐，且程序结构逻辑不清，这时我们就需要使用多分支条件语句（if...elif...else）了。

语法格式如下：

```
if 条件 1:
    <代码块 1>
elif 条件 2:
    <代码块 2>
elif 条件 3:
    <代码块 3>
else:
    <代码块 4>
```

其中，elif 语句可以有多个，且在 Python 的选择结构中，一定满足某个条件，在执行完该条件对应的代码块后便自动结束该轮 if...elif...else 语句。

例如，要对学生的成绩进行评测，评测标准如下。

- 成绩 >=80 ： 良好。
- 成绩 >=60 ： 中等。
- 成绩 <60 ： 差。

将成绩分成几个连续区间判断，单个 if 选择结构无法完成，使用多个 if 选择结构会很麻烦，如图 3.8 所示。

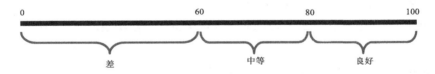

图 3.8 成绩区间分布图

成绩评测流程图如图 3.9 所示。

伪代码如下：

```
if 成绩>=80:
    输出"良好"
elif(成绩>=60):
    输出"中等"
else:
    输出"差"
```

Python 代码如下：

```
score = 70        #郝佳的成绩
if score >= 80:
```

```
        print("良好")
    elif score >= 60:
        print("中等")
    else:
        print("差")
```

运行结果为：

中等

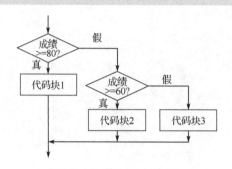

图 3.9　成绩评测流程图

那么，我们该如何正确地使用多重 if 选择结构呢？假设这样一个场景，我想买车，买什么车取决于自己在银行有多少存款。

（1）如果我的存款超过 100 万元，则买奔驰。

（2）否则，如果我的存款超过 50 万元，则买帕萨特。

（3）否则，如果我的存款超过 20 万元，则伊兰特。

（4）否则，如果我的存款超过 10 万元，则买奥拓。

（5）否则，如果我的存款在 10 万元以下，则买捷安特。

像这种拥有多个选择的问题，我们应该使用多重选择结构来解决此类问题，示例代码如下：

```
money = 32      # 我的存款，单位（万元）
if money >= 100:
    print("太好了，我可以买奔驰")
elif money >= 50:
    print("不错，我可以买帕萨特")
elif money >= 20:
    print("我可以买伊兰特")
elif money >= 10:
    print("至少我可以买奥拓")
else:
    print("看来，我只能买捷安特了")
```

运行结果为：

我可以买伊兰特

3.2.4　条件嵌套语句

条件嵌套语句就是在一个条件判断完之后，在代码块中再进行进一步的条件判断。条件嵌套语句流程图如图 3.10 所示。

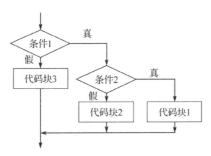

图 3.10　条件嵌套语句流程图

语法格式如下：

```
if(条件 1):
    if(条件 2):
        <代码块 1>
    else:
        <代码块 2>
else:
    <代码块 3>
```

我们可以使用条件嵌套语句来解决百米赛跑的问题，示例代码如下：

```
score = int(input("请输入比赛成绩（s）: "))
gender = str(input("请输入性别: "))
if score >= 80:
    if gender == '男':
        print("进入男子组决赛！")
    elif gender == '女':
        print("进入女子组决赛！")
else:
    print("淘汰！")
```

依次输入 90、男，运行结果为：

```
请输入比赛成绩（s）: 90
请输入性别: 男
进入男子组决赛！
```

3.3　异常处理

3.3.1　异常

Python 是一门解释型语言，其代码不会在运行前进行编译，所以也不会提前进行检查。

Python 代码是逐行向下运行的，在遇到错误后，会引发异常。异常即是一个事件，该事件会在程序执行过程中发生，影响了程序的正常执行。在 Python 中一旦发生异常，将会终止程序运行。例如，下面的实例尝试打开当前路径下的 Python.txt 文件：

```
open('Python.txt')
```

运行结果为：

```
--------------------------------------------------
FileNotFoundErrorTraceback (most recent call last)
<ipython-input-10-0d99490c235e> in <module>
----> 1 open('Python.txt')

FileNotFoundError: [Errno 2] No such file or directory: 'Python.txt'
```

如果异常对象并未被处理或捕捉，则程序就会用所谓的回溯（Traceback，一种错误信息）来终止执行。如上面的实例，open()函数用于打开指定文件，当该文件不存在时，Python 解释器会抛出 FileNotFoundError 异常，我们可以使用 try…except…finally 语句接收并处理这个异常。

3.3.2　捕获异常

异常是指在程序执行过程中发生的一个事件，一旦发生异常就会影响程序的正常运行，所以一般需要捕获异常并处理。如图 3.11 所示，Python 解释器返回了异常信息，同时程序退出。

图 3.11　Python 解释器返回了异常信息

Python 解释器的异常信息中最重要的部分是异常类型，它表明了发生异常的原因，也是程序处理异常的依据。我们可以使用 try…except…finally 语句捕获异常操作，并告诉 Python 发生异常时需要执行的动作。

捕获异常的语法格式如下：

```
try:
    <代码块 1>
except <异常类型 1>[, 异常参数名 1]:
    <异常处理代码 1>
except <异常类型 2>[, 异常参数名 2]:
    <异常处理代码 2>
```

```
finally:
    <代码块 2>
```

在前文，我们假设用户输入的都是符合程序设计规范的数据，观察下面的程序，当用户输入的数据不符合程序设计规范时，程序还能正常运行吗？

```
num = eval(input("请输入一个整数: "))
print(num**2)
```

当用户输入的不是数字时，运行上面的程序，输入 NO，看看运行结果是什么？

```
-------------------------------------------------
NameError              Traceback (most recent call last)
<ipython-input-11-b8c176dd03f2> in <module>
----> 1 num = eval(input("请输入一个整数: "))
      2 print(num**2)


<string> in <module>

NameError: name 'NO' is not defined
```

我们可以看到，Python 解释器抛出 NameError 异常，显示变量 NO 没有被定义。这时，我们可以使用 try…except 语句捕获错误并给出提示信息，避免程序直接停止运行。示例代码如下：

```
try:
    num = eval(input("请输入一个整数: "))
    print(num**2)
except NameError:
    print("输入错误，请输入一个整数！")
```

输入 NO，运行结果为：

输入错误，请输入一个整数！

3.3.3 标准异常介绍

Python 提供了一系列的标准异常，便于我们对程序进行调试和异常处理。常见的标准异常如表 3-1 所示。

表 3-1 常见的标准异常

异 常 名 称	说 明	异 常 名 称	说 明
BaseException	所有异常的基类	NotImplementedError	尚未实现的方法
SystemExit	解释器请求退出	SyntaxError	Python 语法错误
KeyboardInterrupt	用户中断执行	IndetationError	缩进错误
Exception	常规错误的基类	TabError	Tab 键和空格混用
StopIteration	迭代器没有更多的值	SystemError	一般解释器系统错误
GeneratorExit	生成器发生异常来通知退出	TypeError	对类型无效的操作
StandardError	所有的内建标准异常的基类	ValueError	传入无效的参数

续表

异常名称	说 明	异常名称	说 明
ArithmeticError	所有数值解散错误的基类	UnicodeError	Unicode 相关的错误
FloatingPointError	浮点计算错误	UnicodeDecodeError	Unicode 解码时的错误
AssertionError	断言语句失败	Warning	警告的基类
AttributeError	对象没有这个属性	DeprecationWarning	关于被弃用的特征的警告
EOFError	没有内建输入，到达 EOF 标记	FutureWarning	关于构造将来语义会有改变的警告
EnvironmentError	操作系统错误的基类	ImportError	导入模块/对象失败
IOError	输入/输出操作失败	LookupError	无效数据查询的基类
OSError	操作系统错误	IndexError	序列中没有此索引（index）
WindowsError	系统调用失败	KeyError	映射中没有这个键
RuntimeError	一般的运行错误	MemoryError	内存溢出错误（对于Python 解释器不是致命的）
OverflowWarning	关于自动提升为长整型（long）的警告	NameError	未声明/初始化对象（没有属性）
OverflowError	数值运算超出最大限制	UnicodeEncodeError	Unicode 编码时错误
SyntaxWarning	可疑的语法的警告	UserWarning	用户代码生成的警告
ZeroDivisionError	当除以零或对零取模时引发	UnicodeTranslateError	Unicode 转换时错误
PendingDeprecationWarning	关于特性将会被废弃的警告	UnboundLocalError	访问未初始化的本地变量
RuntimeWarning	当生成的错误不属于任何类别时引发	ReferenceError	试图访问已经被垃圾回收了的对象

Python 的异常处理机制可以按照如下步骤进行操作。

（1）首先，执行 try 子句（在关键字 try 和关键字 except 之间的语句）。

（2）如果没有发生异常，那么忽略 except 子句，try 子句执行后结束。

（3）如果在执行 try 子句的过程中发生了异常，那么 try 子句余下的部分代码将被忽略。如果异常的类型和 except 子句捕捉到的异常类型相同，那么对应的 except 子句将被执行。

（4）如果一个异常没有与任何的 except 语句匹配，那么这个异常将会传递给上层的 try 语句。

（5）如果含有 finally 语句，则不管是否发生异常，最后都会执行 finally 语句。

注意：一个 try 语句可能包含多个 except 子句，分别来处理不同的特定的异常。至少有一个分支会被执行。处理程序将只针对对应的 try 子句中的异常进行处理，而不是其他的 try 语句的处理程序中的异常。一个 except 子句可以同时处理多个异常，这些异常将被放在一个括号里成为一个元组。

3.4 综合练习

3.4.1 幸运会员

商场推出幸运抽奖活动，每次先产生一个随机数，当客户会员号的百位数字等于该随机数时即为幸运会员，请编写一个程序判断顾客是否为幸运会员。

实现思路如下。

（1）产生随机数。

（2）从控制台接收一个 4 位会员号。

（3）分解获得百位数。

（4）判断是否是幸运会员。

产生随机数（0～9）的方法如下：

```
import random
ran = random.randint(0,9)
```

Python 代码如下：

```
import random

print("MiniShop 商场系统 > 幸运抽奖\n")
custNo = int(input("请输入 4 位会员号："))          # 输入 4 位会员号
baiwei = int((custNo/100) % 10)                      # 分解获得百位数字
ran = random.randint(0, 9)
print(ran)
if (baiwei == ran):
    print(str(custNo) + "号客户是幸运客户，获精美礼品一份。")
else:
    print(str(custNo) + "号客户未中奖，期待您的下次光临！")
```

输入 1234，运行结果为：

```
MiniShop 商场系统 > 幸运抽奖

请输入 4 位会员号：1234
7
1234 号客户未中奖，期待您的下次光临！
```

3.4.2　会员信息录入

商场需要维护会员信息，现在编写一个程序判断输入的会员号是否合法。

实现思路如下。

（1）从控制台接收一个 4 位会员号。

（2）接收其他会员信息。

（3）判断该会员号是否合法。

（4）如果合法，则保存此条信息；如果不合法，则提示用户重新输入。

Python 代码如下：

```
print("MiniShop 商场系统 > 客户信息管理 > 添加客户信息\n")
custNo = int(input("请输入 4 位会员号："))                    # 输入 4 位会员号
custBirth = int(input("请输入会员生日（用 4 位数表示）："))    # 输入会员生日
```

```
custScore = int(input("请输入积分： "))                                    # 输入积分
if custNo >= 1000 and custNo <= 9999:
    print("\n 已录入的会员信息是： " + str(custNo) + "\t" + str(custBirth) + "\t" + str(custScore))
else:
    print("\n 客户号" + str(custNo) +"是无效会员号！ \n 录入信息失败！ ")
```

依次输入 1234、0501、1000，运行结果为：

```
MiniShop 商场系统 > 客户信息管理 > 添加客户信息

请输入 4 位会员号：1234
请输入会员生日（用 4 位数表示）：0501
请输入积分：1000

已录入的会员信息是： 1234        0501        1000
```

3.4.3 计算会员折扣

会员在商场购物时，会根据积分的不同享受不同的折扣，现在编写一个程序判断每个会员享受的折扣，如表 3-2 所示。

表 3-2 不同会员积分享受不同的折扣

会 员 积 分	折 扣
积分 < 2000	9 折
2000 ≤积分 < 4000	8 折
4000 ≤积分 < 8000	7.5 折
积分 ≥ 8000	6 折

实现思路如下。

（1）从控制台接收会员积分。

（2）使用多重 if 结构来判断会员享受的折扣。

Python 代码如下：

```
custScore = int(input("请输入会员积分： "))        # 请输入会员积分
if custScore < 2000:
    discount = 0.9
elif 2000 <= custScore and custScore < 4000:
    discount = 0.8
elif 4000 <= custScore and custScore < 8000:
    discount = 0.75
else:
    discount = 0.6
print("该会员享受的折扣是： " + str(discount))
```

输入 1500，运行结果为：

```
请输入会员积分：1500
该会员享受的折扣是：0.9
```

3.4.4 购物结算三

商场推出了促销活动，对于不同的客户和消费金额有不同的折扣，现在编写一个程序判断每个客户享受的折扣，如表 3-3 所示。

表 3-3 促销活动不同客户和消费金额享受不同折扣

客　　户	折　　扣
普通客户购物满 100（包含 100）元	9 折
会员购物	8 折
会员购物满 200（包含 200）元	7.5 折

实现思路如下。

（1）先在外层判断是否是会员。

（2）再在内层判断是否达到相应打折要求。

Python 代码如下：

```
identity = str(input("请输入是否是会员：是（y）/否（其他字符）"))    # 输入会员
money = int(input("请输入购物金额："))                              # 请输入购物金额
if identity == "y":
    if money >= 200:
        money = money * 0.75
    else:
        money = money * 0.8
else:
    if money >= 100:
        money = money * 0.9
print("实际支付：" + str(money))
```

依次输入 n、200，运行结果为：

```
请输入是否是会员：是（y）/否（其他字符）n
请输入购物金额：200
实际支付：180.0
```

3.5 习题

1．输入 3 个数，将这 3 个数从小到大排列并输出到屏幕上。

2．判断一个 4 位整数是否是回文数。（回文数，即从左向右看和从右向左看是相等的数，如 1234321）

3．判断指定的年份是否是闰年。

4．输入 a、b、c 的值，求一元二次方程 $ax^2+bx+c=0$ 的两个实根（默认 $a \neq 0$）。

5．完善习题 4，使其能显示出重根和处理一元二次方程。

6．输入一个百分制成绩（整数），将其转换为等级制成绩，换算关系如下（均包含端点值）。

90～100：优秀，80～89：良好，70～79：合格，60～69：及格，0～59：不及格

7．完善习题 6，增加异常处理。

第4章 循环结构

4.1 循环概述

郝佳考试成绩未达到自己的目标，为了表明自己勤奋学习的决心，他决定写一万遍"好好学习，天天向上！"

不使用循环结构的代码如下：

```
print("第 1 遍写：好好学习，天天向上！")
print("第 2 遍写：好好学习，天天向上！")
print("第 3 遍写：好好学习，天天向上！")
print("第 4 遍写：好好学习，天天向上！")
…
print("第 9999 遍写：好好学习，天天向上！")
print("第 10000 遍写：好好学习，天天向上！")
```

上述代码语句结构相同，如果还有更多条语句，还要继续写下去吗？显然这是毫无意义的，既消耗了程序员的时间，又占用了计算机的内存，当程序包含大量重复的代码时，使用循环是有必要的。

使用循环结构的代码如下：

```
i = 1
while i<=100:
    print("第"+str(i)+"遍写：好好学习，天天向上！")
    i=i+1
```

使用循环结构的运行结果与不使用循环结构的运行结果一致。

通过上面的对比，我们已经知道了循环的好处。下面开始学习如何使用循环语句。

Python 提供了 for 循环语句和 while 循环语句。其中，for 循环语句常用于可以提前确定循环次数的场合，尤其适合迭代或遍历可迭代对象中的元素。while 循环语句可以用于无法提前确定循环次数的场合，也可以用于提前确定循环次数的场合。

4.2 while 循环语句

4.2.1 基本语法格式

while 循环语句会在循环条件为 True 时一直保持循环操作，直到循环条件为 False 时才结束循环，所以不需要提前知道循环的次数，基本语法格式如下：

```
while  循环条件：
     <循环操作>
```

循环操作可以是单个语句或语句块，循环条件可以是任何表达式。任何非零或非空（null）的值均为 True，当循环条件为 False 时，循环结束。

while 循环语句的特点是先判断，再执行，流程图如图 4.1 所示。

接下来通过两个示例来熟悉一下 while 循环语句的使用。

1．实现打印 5 份试卷

通过简单分析我们可知该操作包含重复操作，因此可以考虑使用循环语句完成本示例，我们在使用 while 循环语句时，需要按照以下步骤进行操作。

（1）确定循环条件和循环操作。

（2）套用 while 循环语句写出代码。

（3）检查循环是否能够退出。

我们刚开始进行练习时，可以把分析的实现步骤先画成程序流程图，然后转化成程序代码，本示例的程序流程图如图 4.2 所示。

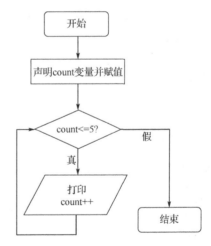

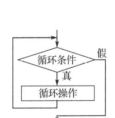

图 4.1　while 循环语句流程图　　　　图 4.2　打印 5 份试卷程序流程图

代码如下：

```
count = 1
while count<=5:
     print("打印第" + str(count) + "份试卷")
     count = count + 1
```

运行结果为：

```
打印第 1 份试卷
打印第 2 份试卷
打印第 3 份试卷
打印第 4 份试卷
```

```
打印第 5 份试卷
```

2. 检查学习任务是否合格

老师给郝佳安排每天的学习任务：上午阅读教材，学习理论知识，下午进行上机编程，掌握代码部分。老师检查郝佳的学习任务是否合格。如果不合格，则郝佳继续学习。

代码如下：

```
while input('合格了吗？（y/n）:')=='n':
    print('上午理论！')
    print('下午实践！\n')
print('完成学习任务！')
```

输入 y，运行结果为：

```
合格了吗？（y/n）:y
完成学习任务！
```

4.2.2 扩展模式

while 循环语句还有一种使用保留字 else 的扩展模式。while 后面 else 的作用是，当 while 循环正常执行，中间没有 break 时，会执行 else 后面的语句。但是如果 while 语句中有 brerak，那么就不会执行 else 后面的内容了，语法格式如下：

```
while  条件:
    <语句块 1>
else:
    <语句块 2>
```

示例：

```
s, t = "BAT", 0
while (t < len(s)):
print("循环进行中: " + s[t])
    t = t + 1
else:
    s = "循环正常结束"
print(s)
```

上面示例中的第 1 行代码等价于下面两行代码：

```
s = "BAT"
t = 0
```

运行结果为：

```
循环进行中: B
循环进行中: A
循环进行中: T
循环正常结束
```

4.3 调试程序

我们在编写程序过程中有时会出现错误，但不容易发现和定位错误，如何解决该问题呢？

我们可以通过代码阅读或添加输出语句查找程序错误。但是当程序结构越来越复杂时，这样做会降低程序的执行效率。因此我们就需要专门的技术来发现和定位错误，这就是"程序调试"。

当程序出现错误时，我们希望可以这样做，调试程序流程图如图 4.3 所示。

图 4.3　调试程序流程图

但是程序在执行时忽闪一下就运行结束了，怎么样才能让程序一步一步运行呢？其实，我们可以通过给程序设置断点，让程序在我们需要的地方暂停，如图 4.4 所示。

图 4.4　设置断点

我们通过下面示例来学习单步调试程序。给出如下代码，运行程序并观察运行结果，看看其中有什么错误。

打开 Spyder 编辑器，按 Ctrl+N 组合键新建文件，在编辑区域输入以下代码：

```
i = 1
print('程序调试演示，注意观察 i 的值：')
while i<5:
    print(i)
i = i + 1
```

保存代码后按 F5 键运行代码，观察运行结果，我们原本打算按顺序输出"1~5"这 5 个数字，结果却是：

```
程序调试演示，注意观察 i 的值：
1
2
3
4
```

我们可以看到 while 循环语句只输出了"1~4"这 4 个数字，那么怎么查找错误呢？我们可以按照如下步骤进行程序调试。

（1）分析错误，设置断点。

（2）启动调试。调试启动后，程序运行到设置断点的代码行将暂停。

（3）单步运行。按下 F6 键可以单步运行程序，观察程序运行过程。

（4）观察变量。单步运行时我们可以在"变量"视图中看到变量当前的值。

（5）发现问题。当变量 i 的值变为 5 时程序就退出了循环，只进行了 4 次循环。

（6）修改代码，重新运行程序。修改循环条件为 i <= 5。

（7）解决问题。

4.4 for 循环语句

4.4.1 基本语法格式

for 循环语句可以遍历任何序列的项目,如一个列表或一个字符串,基本语法格式如下:

```
for  <循环变量>  in  <遍历结构>:
    <语句块>
```

其中,遍历结构可以是字符串、range()函数、文件或组合数据类型,如表 4-1 所示。

表 4-1　遍历结构的说明和语法格式

说　明	循环 N 次	遍历文件 fi 的每一行	遍历字符串 s	遍历列表 ls
语法格式	for i in range(N): 　　<语句块>	for line in fi: 　　<语句块>	for c in s: 　　<语句块>	for item in ls: 　　<语句块>

4.4.2 扩展模式

for 循环语句还有一种扩展模式,语法格式如下:

```
for  <循环变量>  in  <遍历结构>:
    <语句块 1>
else:
    <语句块 2>
```

当 for 循环语句被正常执行之后,程序会继续执行 else 语句中内容。else 语句只在循环正常执行之后才执行并结束。因此,我们可以在<语句块 2>中放置判断循环执行情况的语句。
示例:

```
for s in "BAT":
    print("循环进行中: " + s)
else:
    s = "循环正常结束"
print(s)
```

运行结果为:

```
循环进行中: B
循环进行中: A
循环进行中: T
循环正常结束
```

在了解了 for 循环语句的基本语法格式之后,接下来一起实现一些简单的示例。

1. 循环输入某同学 S1 结业考试的 5 门课成绩,并计算平均分

该示例需要的循环次数固定,我们可以使用 for 循环语句来实现,步骤如下。
(1)分析循环条件和循环操作。
(2)套用 for 循环语句写出代码。

（3）检查循环是否能够退出。

代码如下：

```
sum = 0                          #用于计算总成绩
avg = 0.0                        #用于计算平均成绩
name = input('请输入学生姓名：')
for i in range(1,6):             #循环 5 次，输入 5 门课的成绩
    score = float (input('请输入第' + str(i) +'门课的成绩：'))
    sum = sum + score
avg = float(sum)/5
print(name + '的平均成绩是：' + str(avg))
```

依次输入 Bob、88、99、77、66、80，运行结果为：

```
请输入学生姓名：Bob
请输入第 1 门课的成绩：88
请输入第 2 门课的成绩：99
请输入第 3 门课的成绩：77
请输入第 4 门课的成绩：66
请输入第 5 门课的成绩：80
Bob 的平均成绩是：82.0
```

2．输入一个正整数，输出由正整数组成的加法表。例如，输入 3，则输出 1+2=3, 2+1=3

代码如下：

```
val = int(input('请输入一个值：'))
print('根据这个值可以输出以下加法表：')


# range(a,b)函数只包括前面的 a，不包括后面的 b
for i in range(1, val):
    print(str(i) + '+' + str(val-i) + '=' + str(val))
```

输入 8，运行结果为：

```
请输入一个值：8
根据这个值可以输出以下加法表：
1+7=8
2+6=8
3+5=8
4+4=8
5+3=8
6+2=8
7+1=8
```

4.4.3 for 循环语句的嵌套

for 循环语句中还可以包含 for 循环语句。使用 for 循环语句嵌套时需注意程序的执行次数，其执行次数是各层循环的乘积，如果程序执行次数太多则会耗费大量的计算资源。

for 循环语句嵌套结构的一个典型应用就是九九乘法表，示例代码如下：

```
for i in range(1,10):
    for j in range(1,i+1):
        product = i * j
        print("%d*%d=%-2d    " % (i, j, product), end="")
    print()
```

运行结果为：

```
1*1=1
2*1=2    2*2=4
3*1=3    3*2=6    3*3=9
4*1=4    4*2=8    4*3=12    4*4=16
5*1=5    5*2=10   5*3=15    5*4=20    5*5=25
6*1=6    6*2=12   6*3=18    6*4=24    6*5=30    6*6=36
7*1=7    7*2=14   7*3=21    7*4=28    7*5=35    7*6=42    7*7=49
8*1=8    8*2=16   8*3=24    8*4=32    8*5=40    8*6=48    8*7=56    8*8=64
9*1=9    9*2=18   9*3=27    9*4=36    9*5=45    9*6=54    9*7=63    9*8=72    9*9=81
```

4.4.4　循环控制语句

Python 提供了 3 种循环控制语句，break 语句、continue 语句、pass 语句，循环控制语句可以更改语句执行的顺序。

pass 是空语句，是为了保持程序结构的完整性。pass 不做任何事情，一般作为占位语句。如果定义一个函数的内容为空，那么系统就会报错，当程序员还没想清楚函数内部的内容时，就可以用 pass 来进行占位。

break 语句用于终止循环语句，即循环条件没有 False 条件或序列还没被完全递归完，也会停止执行循环语句。如果使用嵌套循环，break 语句将停止执行最深层的循环，并开始执行下一行代码。

在字符串"BAT"中循环打印输出 10 次 B、T，遇到 A 则退出当前循环，我们可以使用 break 语句来实现，代码如下：

```
for s in "BAT":
    for i in range(10):
        print(s, end="")
        if s=="A":
            break
```

运行结果为：

```
BBBBBBBBBBATTTTTTTTTT
```

下面来实现一个复杂一点的功能，循环输入学生成绩，如果输入负数则退出程序，代码如下：

```
sum = 0                    # 用于计算总成绩
```

```
        avg = 0.0                       #  用于计算平均成绩
        isNegative = False              #  是否为负数
        name = input('请输入学生姓名：')

        for i in range(1, 6):     #循环 5 次，输入 5 门课的成绩
            score = float(input('请输入第' + str(i) +'门课的成绩：'))
            if (score < 0):
                isNegative = True
                break
            sum = sum + score

        if isNegative:
            print('抱歉，分数输入错误，请重新进行输入！')
        else:
            avg = float(sum) / 5
            print(name + '的平均成绩是：' + str(avg))
```

依次输入 Bob、−100，运行结果为：

```
请输入学生姓名：Bob
请输入第 1 门课的成绩：−100
抱歉，分数输入错误，请重新进行输入！
```

依次输入 Bob、99、88、77、66、55，运行结果为：

```
请输入学生姓名：Bob
请输入第 1 门课的成绩：99
请输入第 2 门课的成绩：88
请输入第 3 门课的成绩：77
请输入第 4 门课的成绩：66
请输入第 5 门课的成绩：55
Bob 的平均成绩是：77.0
```

break 语句是跳出整个循环，而 continue 语句是跳出本次循环，继续进行下一次循环。

例如，我们要统计班上学生成绩大于或等于 80 分的总人数，可以使用 continue 语句来实现，代码如下：

```
num = 0    #用于统计成绩大于或等于 80 分的总人数
total = int(input('请输入班上总人数：'))
for i in range(total):
    score = float(input('请输入第' + str(i+1) +'位学生的成绩：'))
    if score < 80:
        continue
    num = num + 1
print('80 分以上的学生人数是：' + str(num))
rate = float(num/total *100)
print('80 分以上的学生所占的比例为：' + str(rate)+'%')
```

依次输入 5、55、66、77、88、99，运行结果为：

```
请输入班上总人数：5
请输入第 1 位学生的成绩：55
请输入第 2 位学生的成绩：66
请输入第 3 位学生的成绩：77
请输入第 4 位学生的成绩：88
请输入第 5 位学生的成绩：99
80 分以上的学生人数是：2
80 分以上的学生所占的比例为：40.0%
```

下面我们对 continue 语句和 break 语句进行简单的对比，如表 4-2 所示。

表 4-2 continue 语句和 break 语句的对比

名 称	continue 语句	break 语句
作 用	continue 语句跳出本次循环，进入下一次循环，即只结束本次循环，而不终止整个循环的执行	break 语句终止某个循环，程序跳转到循环块外的下一条语句。即结束整个循环过程，不再判断执行循环的条件是否成立

示 例	for s in "PYTHON":
	    if s=="T":
	        continue
	print(s, end="")
	
	运行结果为：PYHON
		for s in "PYTHON":
		    if s=="T":
		        break
		print(s, end="")
		
		运行结果为：PY

此外，在 for 循环语句和 while 循环语句中都存在一个 else 扩展用法，else 中的语句块只在一种条件下执行，该条件为 for 循环语句正常遍历了所有内容没有因为 break 或 return 而退出。continue 保留字则对 else 没有影响，具体看下面的示例：

```
for s in "PYTHON":
    if s=="T":
        continue
    print(s, end="")
else:
    print("正常退出")

for s in "PYTHON":
    if s=="T":
        break
    print(s, end="")
else:
    print("正常退出")
```

运行结果为：

```
PYHON 正常退出
PY
```

4.5 random 库概述

4.5.1 什么是 random 库

随机数在计算机应用中十分常见，Python 内置的 random 库主要用于产生各种分布的伪随机数序列。random 库采用梅森旋转算法（Mersenne Twister）生成伪随机数序列，可用于除随机性要求更高的加解密算法外的大多数工程应用。

使用 random 库的主要目的是生成随机数，因此，读者只需要查阅该库的随机数生成函数，找到符合使用场景的函数使用即可。random 库提供了不同类型的随机数函数，所有函数都是基于最基本的 random.random() 函数扩展而来的。

4.5.2 random 库函数

random 库有许多函数，如表 4-3 所示。

表 4-3　random 库函数

函　数	说　明
seed(a=None)	初始化随机数种子，默认值为当前系统时间
random()	生成一个[0.0, 1.0)之间的随机小数
randint(a, b)	生成一个[a,b]之间的整数
getrandbits(k)	生成一个 k 比特长度的随机整数
randrange(start, stop[, step])	生成一个[start, stop)之间以 step 为步数的随机整数
uniform(a, b)	生成一个[a, b]之间的随机小数
choice(seq)	从序列类型（列表）中随机返回一个元素
shuffle(seq)	将序列类型中元素随机排列，返回打乱后的序列
sample(pop, k)	从 pop 类型中随机选取 k 个元素，以列表类型返回

4.5.3 random 库的使用

对 random 库的引用方法与 math 库一样，采用下面两种方式实现：

```
import random
```

或

```
from random import *
```

示例代码如下：

```
import random

# 生成第一个随机数
print("random():", random.random())

# 生成第二个随机数
```

```
print("random():", random.random())
```

运行结果为：

```
random():0.281954791393
random():0.309090465205
```

此外，在生成随机数之前我们可以通过 seed()函数指定随机数种子，随机数种子一般是一个整数，只要种子相同，每次生成的随机数序列也相同。这种情况有利于测试和同步数据，示例代码如下：

```
from random import *

seed(125)        # 随机数种子赋值 125
s1 = "{}.{}.{}".format(randint(1, 10), randint(1,10), randint(1,10))

s2 = "{}.{}.{}".format(randint(1, 10), randint(1,10), randint(1,10))

seed(125)        # 再次给随机数种子赋值 125
s3 = "{}.{}.{}".format(randint(1, 10), randint(1,10), randint(1,10))
print(s1, s2, s3, sep="\t")
```

运行结果为：

```
4.4.10     5.10.3     4.4.10
```

4.6 综合练习

4.6.1 数值求和

编写一个程序，实现计算 100 以内（包括 100）的偶数之和，再设置断点并调试程序，观察每一次循环中变量值的变化。

实现思路如下。

（1）声明并初始化循环变量：num=0。

（2）分析循环条件和循环操作。

循环条件：num<=100。

循环操作：累加求和、改变循环变量的值。

（3）套用 while 循环语句写出代码。

代码如下：

```
sum = 0
num = 2
while num <=100:
    sum = sum + num
    num = num + 2
print('100 以内的偶数之和为：' + str(sum))
```

运行结果为：

100 以内的偶数之和为：2550

4.6.2　查询商品价格

商场想为客户提供了商品价格查询功能，编写一个带有循环功能的程序，当输入商品编号时，可以显示对应的商品价格，只有当用户输入"n"时才结束循环。

实现思路如下。

（1）分析循环条件和循环操作。

循环条件：当用户输入"n"时，退出循环。

循环操作：当输入商品编号时，显示对应的商品价格。

（2）套用 while 循环语句写出代码。

代码如下：

```
def foo(var):
    return {
        1:'T 恤\t ¥245.0\n',
        2:'网球鞋\t ¥570.0\n',
        3:'网球拍\t ¥320.0\n',
    }.get(var,' ')              # ' '为默认返回值，可以自己设置


name = '';                  #商品名称
price = 0.0                 #商品价格
goodNo = 0                  #商品编号
print("miniShop 商场系统 > 购物结算\n");

# 商品清单
print('**********************************');
print('请选择购买的商品编号: ');
print("1.T 恤            2.网球鞋            3.网球拍");
print('**********************************');

while input('是否继续（y/n）: ')== 'y':
    goodNo = int(input('请输入购买的商品编号：'));
    print(foo(goodNo));

print("程序结束!");
```

依次输入 y、2、n，运行结果为：

miniShop 商场系统 > 购物结算

****
请选择购买的商品编号：
1.T 恤   2.网球鞋   3.网球拍

```
************************************
是否继续（y/n）: y
请输入购买的商品编号: 2
网球鞋        ¥570.0

是否继续（y/n）: n
程序结束!
```

4.6.3 菜单切换

该商场对于菜单程序提出了一个新的需求，如果用户输入错误，则可以重复输入直到输入正确，执行相应的操作后退出循环。编写一个程序来实现此功能。

代码如下:

```python
print("欢迎使用 miniShop 商场系统\n");
print("************************" );
print("\t1.客户信息管理");
print("\t2.购物结算");
print("\t3.真情回馈");
print("\t4.注销");
print("************************");
while True:
    choice = int(input('请选择，输入数字: ')); # 用户选择
    if choice == 1:
        print("执行客户信息管理");
    elif choice == 2:
        print("执行购物结算");
    elif choice == 3:
        print("执行真情回馈");
    elif choice == 4:
        print("执行注销");
    else:
        print("输入错误，请重新输入数字: ");

    if choice in [1, 2, 3, 4]:
        print("\n 程序结束");
        break;
```

注意: [1, 2, 3, 4]表示一个列表，其中有 1、2、3、4 四个成员，in 为成员运算符，当 choice 的值在列表[1,2, 3, 4]中时，表达式会返回 True。

依次输入 5、1，运行结果为:

```
欢迎使用 miniShop 商场系统

************************
```

```
　　　　1.客户信息管理
　　　　2.购物结算
　　　　3.真情回馈
　　　　4.注销
***********************
请选择，输入数字：5
输入错误，请重新输入数字：
请选择，输入数字：1
执行客户信息管理

程序结束
```

4.6.4　录入会员信息

商场需要录入会员信息，编写一个程序，能够循环录入 4 位会员号等会员信息，并且能够判断会员号是否合法。当会员号合法时，显示录入的会员信息，否则显示录入会员信息失败。

实现思路如下。

（1）是否有重复操作。

（2）循环录入 3 位会员信息。

（3）当会员号无效时，利用 continue 实现程序跳转。

代码如下：

```
print('miniShop 管理系统 > 客户信息管理 > 添加客户信息')
custNo = 0                      #会员号
points = 0                      #会员积分
for i in range(0,3):            #循环录入会员信息
    custNo = int(input('请输入会员号（4 位整数）：'))
    if custNo<1000 or custNo>9999:   #当会员号无效时退出循环
        print('客户号' +str(custNo) +'是无效会员号！')
        print('录入会员信息失败\n')
        continue
    birthday = input('请输入会员生日（月/日）（用两位整数表示）：')
    points = int(input('请输入会员积分：'))

    print('您录入的会员信息是：')
    print(str(custNo) + " " + birthday + " " + str(points) +"\n" )
print("程序结束！");
```

依次输入 1234、0211、1000、0、1111、0212、2000，运行结果如下：

```
miniShop 管理系统 > 客户信息管理 > 添加客户信息
请输入会员号（4 位整数）：1234
请输入会员生日（月/日）（用两位整数表示）：0211
请输入会员积分：1000
您录入的会员信息是：
1234 0211 1000
```

```
请输入会员号（4位整数）：0
客户号 0 是无效会员号！
录入会员信息失败

请输入会员号（4位整数）：1111
请输入会员生日（月/日）（用两位整数表示）：0212
请输入会员积分：2000
您录入的会员信息是：
1111 0212 2000

程序结束！
```

4.6.5 用户登录验证

商场提供了用户登录界面，用户可以登录系统，系统会对用户登录进行验证，验证次数最多为 3 次。假设存在一个用户，用户名为 Bob，密码为 123456。

代码如下：

```
i = 0;
for i in range(3):
    username = input('请输入用户名：');
    password = input('请输入密码：');
    if (username == 'bob' and password ==123456') #匹配成功
        print('欢迎登录系统！');
    else:
        print('输入错误！您还有' + str(2-i) +'次机会\n');
        continue;

if i == 3:
    print('对不起，您 3 次均输入错误！');
```

依次输入 jack、123、bob、123、Bob、123456，运行结果为：

```
请输入用户名：jack
请输入密码：123
输入错误！您还有 2 次机会

请输入用户名：bob
请输入密码：123
输入错误！您还有 1 次机会

请输入用户名：Bob
请输入密码：123456
欢迎登录系统！
```

4.6.6　mini 游戏平台

1．选择游戏界面

需求说明：用户进入游戏平台后，可以选择喜爱的游戏。

提示：定义一个 switch 选择结构。

代码如下：

```
print('欢迎进入 mini 游戏平台\n')
print('请选择您喜爱的游戏\n')
print('*********************')
print('\t1.跳一跳')
print('\t2.损友圈')
print('\t3.海盗来了')
print('*********************')

def switch (var):
    return{
        1:'您已进入跳一跳！',
        2:'您已进入损友圈！',
        3:'您已进入海盗来了！',
    }.get(var,'输入错误，请重新输入数字：')

print("请选择，输入数字：", end="")
while True:
    choice = int (input())
    result = switch (choice)
    print (result, end="")
    if choice in [1,2, 3]:
        break
```

输入 1，运行结果为：

```
欢迎进入 mini 游戏平台

请选择您喜爱的游戏

*********************
    1.跳一跳
    2.损友圈
    3.海盗来了
*********************
请选择，输入数字：1
您已进入跳一跳！
```

2．玩游戏并晋级

需求说明：用户玩游戏，每次玩 5 局，不足 5 局不能晋级。在 5 局游戏中，如果 80%达到 80 分以上则为一级，如果 60% 达到 80 分以上则为二级，否则不能晋级。

提示：使用循环实现玩 5 局游戏，使用 break 语句实现中途退出游戏；使用多重 if 结构，根据游戏得分判断用户是否晋级。

代码如下：

```
n = 1
count = 0
score = 0
print('mini 游戏平台   >  游戏晋级 \n')
while(n<=5):
    score = int(input('您正在玩第' + str(n) + "局，成绩为："))
    if score>80:
        count = count + 1
    n = n + 1
    if n>5:
        print('游戏结束')
    else:
        answer = input('继续玩下一局吗(yes/no)?')
        if answer == 'no':
            print('您已退出游戏。')
            break
        else:
            print('进入下一局')

rate = count / 5.0    #计算达到 80 分以上的比例
if n>5:
    if rate > 0.9:
        print("\n 恭喜，通过一级！')
    elif rate > 0.6:
        print("\n 通过二级，继续努力！')
    else:
        print('对不起，您未能晋级，继续加油啊！')
else:
    print('对不起，您未能晋级，继续加油啊！')
```

依次输入 80、yes、90、yes、88、no，运行结果为：

```
mini 游戏平台   >  游戏晋级

您正在玩第 1 局，成绩为：80
继续玩下一局吗(yes/no)?yes
进入下一局
您正在玩第 2 局，成绩为：90
继续玩下一局吗(yes/no)?yes
进入下一局
```

您正在玩第 3 局，成绩为：88
继续玩下一局吗(yes/no)?no
您已退出游戏。
对不起，您未能晋级，继续加油啊！

又依次输入 88、yes、90、yes、96、yes、87、yes、80，运行结果为：

mini 游戏平台　 > 游戏晋级

您正在玩第 1 局，成绩为：88
继续玩下一局吗(yes/no)?yes
进入下一局
您正在玩第 2 局，成绩为：90
继续玩下一局吗(yes/no)?yes
进入下一局
您正在玩第 3 局，成绩为：96
继续玩下一局吗(yes/no)?yes
进入下一局
您正在玩第 4 局，成绩为：87
继续玩下一局吗(yes/no)?yes
进入下一局
您正在玩第 5 局，成绩为：80
游戏结束

通过二级，继续努力！

3. 玩游戏并支付游戏币

需求说明：根据游戏类型和游戏时长计算应支付的游戏币。

假设：1 元购买 1 个游戏币。游戏类型分为两大类，即牌类和休闲竞技类。牌类收费为 10 元/小时，休闲竞技类收费为 20 元/小时。

收费规则：如果游戏时间超过 10 小时，则可以打 5 折；如果游戏时间为 10 小时及以下，则可以打 8 折。

代码如下：

```python
print('mini 游戏平台 > 游戏币支付\n')
print('请选择您玩的游戏类型：')
print('\t1.牌类')
print('\t2.休闲竞技类')
choice = int(input())
time = int(input('请您输入游戏时长：'))
qm = 0
if choice ==1:
    if time>10:
        print('您玩的是牌类游戏，时长是：' + str(time) + '小时，可以享受 5 折优惠')
        qm = int(10*time*0.5)
        print('您需要支付'+ str(qm) + '个游戏币')
```

```
        else:
                print('您玩的是牌类游戏，时长是：' + str(time) + '小时，可以享受 8 折优惠')
                qm = int(10*time*0.8)
                print('您需要支付'+ str(qm) + '个游戏币')
        elif choice ==2:
            if time>10:
                print('您玩的是休闲竞技类游戏，时长是：' + str(time) + '小时，可以享受 5 折优惠')
                qm = int(20*time*0.5)
                print('您需要支付'+ str(qm) + '个游戏币')
            else:
                print('您玩的是休闲竞技类游戏，时长是：' + str(time) + '小时，可以享受 8 折优惠')
                qm = int(20*time*0.8)
                print('您需要支付'+ str(qm) + '个游戏币')
        else:
            print('无效选择')
```

依次输入 2、12，运行结果为：

```
mini 游戏平台 > 游戏币支付


请选择您玩的游戏类型：
    1.牌类
    2.休闲竞技类
2
请您输入游戏时长：12
您玩的是休闲竞技类游戏，时长是：12 小时，可以享受 5 折优惠
您需要支付 120 个游戏币
```

4. 统计游戏点击率

需求说明：录入游戏的点击率，统计点击率超过 100 的游戏所占的比例。

提示：使用 if 语句、continue 语句统计点击率超过 100 的游戏数量。

代码如下：

```
num = 0
print('mini 游戏平台 > 游戏点击率\n')
for i in range(3):
    score = int(input('请输入第' + str(i+1) +'个游戏的点击率：'))
    if score<=100:
        continue
    num = num + 1
print('点击率大于 100 的游戏数量是：' +str(num))
rate = float(num)/3*100
print('点击率大于 100 的游戏所占比例为：' + str(rate) +'%')
```

依次输入 200、80、500，运行结果为：

```
mini 游戏平台 > 游戏点击率
```

请输入第 1 个游戏的点击率：200

请输入第 2 个游戏的点击率：80

请输入第 3 个游戏的点击率：500

点击率大于 100 的游戏数量是：2

点击率大于 100 的游戏所占比例为：66.66666666666666%

5．添加用户信息

需求说明：为了维护用户信息，需要将信息录入系统中。

用户的信息包括：用户编号、年龄、积分；要求年龄为 10 岁以上。

代码如下：

```
print('mini 游戏平台 > 添加用户信息\n')
points = 0
count = int(input('请输入要录入的用户数量：'))
for i in range(count):
    custNo = int(input('请输入用户编号<4 位整数>：'))
    age = int(input('请输入用户年龄：'))
    if age < 10 or age >100:
        print('很抱歉，您的年龄不适合玩游戏。')
        print('录入信息失败\n')
        continue
    points = int(input('请输入会员积分：'))
    print('您录入的会员信息是：')
print('用户编号：'+ str(custNo) + '\t 年龄：' + str(age) + '\t 积分：'+ str(points) + '\n')
```

依次输入 2、1001、20、1000、1002、9，运行结果为：

```
mini 游戏平台 > 添加用户信息

请输入要录入的用户数量：2
请输入用户编号<4 位整数>：1001
请输入用户年龄：20
请输入会员积分：1000
您录入的会员信息是：
用户编号：1001      年龄：20  积分：1000

请输入用户编号<4 位整数>：1002
请输入用户年龄：9
很抱歉，您的年龄不适合玩游戏。
录入信息失败
```

4.7　习题

1．输入 *n*，计算 1～*n* 之间的正整数的平方和。

2．打印九九乘法表。

3．有四个数字：1、2、3、4，能组成多少个互不相同且无重复数字的三位数，并输出这些数。

4．输入一个自然数，判断是否为质数。

5．输入一个自然数 n，输出 2～n 之间所有的质数。

6．输入两个整数，打印它们的商。当输入的不是整数或除数为零时，进行异常处理。

7．输入两个正整数（均大于 1），计算它们的最大公约数。

8．输出如下三角形。

9．编写猜数字游戏，用户一共有 5 次机会，机会用完之后可以选择再来一轮或退出游戏，要求使用 random 模块，猜数范围为 1～100 之间的整数（包含端点值）。

第5章　组合数据类型

5.1　组合数据类型概述

根据数据之间的关系，组合数据类型可以分为 3 类：序列类型、集合类型和映射类型。

- 序列类型是一个元素向量，元素有顺序，通过序号访问，可以有相同元素。
- 集合类型是一个元素集合，元素无顺序，元素在集合中是唯一存在的。
- 映射类型是"键-值"数据项的组合，每个元素是一个键值对，表示为(key, value)。

5.1.1　序列类型

序列类型是一维元素向量，元素之间存在先后关系，通过序号访问。当需要访问序列中的某个特定值时，只需要通过下标标出即可。

由于元素之间存在顺序关系，所以序列中可以存在相同数值但位置不同的元素。序列类型支持成员关系操作符（in）、长度计算函数（len()）、分片（[]），元素本身也可以是序列类型。

Python 中有很多数据类型都是序列类型，其中比较常见的有列表（list）、元组（tuple）和字符串（str）。

- 列表是一个可以修改数据项的序列类型，使用也最为灵活。
- 元组是包含 0 个或多个数据项的不可变序列类型。元组生成后是固定的，其中任何数据项不能被替换或删除。
- 字符串是由单引号、双引号或三引号括起来的序列，是不可变类型。字符串可以进行切片操作，切片自身会创建新的内存对象，因为字符串本身不可变，所以切片本身就是新对象，原片本身没有发生任何变化。

序列类型有 12 个通用的操作符和函数，如表 5-1 所示。

表 5-1　序列类型的 12 个通用操作符和函数

操 作 符	说　　　明
x in s	如果 x 是 s 的元素，则返回 True，否则返回 False
x not in s	如果 x 不是 s 的元素，则返回 True，否则返回 False
s + t	连接 s 和 t，s 和 t 是字符串型
s * n 或 n * s	将序列 s 复制 n 次
s[i]	索引，返回序列的第 i 个元素
s[i: j]	分片，返回包含序列 s 第 i 到 j-1 个元素的子序列

续表

操　作　符	说　　　明
s[i: j: k]	步骤分片，返回包含序列 s 第 i 到 j 个元素以 k 为步长的子序列
len(s)	序列 s 的元素个数（长度）
min(s)	序列 s 中的最小元素
max(s)	序列 s 中的最大元素
s.index(x[, i[, j]])	序列 s 中从 i 开始到 j 位置中第一次出现元素 x 的位置
s.count(x)	序列 s 中出现 x 的总次数

5.1.2　集合类型

集合类型与数学中集合的概念一致，即包含 0 个或多个数据项的无序组合。集合中的元素不可以重复，元素类型只能是固定数据类型，如整数、浮点数、字符串、元组等，但列表、字典和集合类型本身都是可变数据类型，不能作为集合的元素出现。

由于集合是无序组合，它没有索引和位置的概念，不能分片，集合中的元素可以动态增加或删除。集合用花括号（{}）表示，可以用赋值语句生成一个集合。示例代码如下：

```
S = {425, "NCU", (10, "CS"), 424}
T = {425, "NCU", (10, "CS"), 424, 425, "NCU"}
print(S, T, sep="\n")
```

运行结果为：

```
{'NCU', 425, (10, 'CS'), 424}
{'NCU', 425, (10, 'CS'), 424}
```

由于集合元素是无序的，集合的打印效果与定义顺序可以不一致。由于集合元素独一无二，使用集合类型能够过滤掉重复元素。set(x)函数可以用于生成集合。示例代码如下：

```
W = set("apple")
V = set(("cat", "dog", "tiger", "human"))
print(W, V, sep="\n")
```

运行结果为：

```
{'l', 'p', 'e', 'a'}
{'human', 'tiger', 'cat', 'dog'}
```

Python 提供了 10 个操作符，用于处理集合与集合之间的运算，如表 5-2 所示。

表 5-2　Python 提供的 10 个操作符

操　作　符	说　　　明
S − T 或 S.difference(T)	返回一个新集合，包括在集合 S 中但不在集合 T 中的元素
S −= T 或 S.difference_update(T)	更新集合 S，包括在集合 S 中但不在集合 T 中的元素
S & T 或 S.intersection(T)	返回一个新集合，包括同时在集合 S 和 T 中的元素
S &= T 或 S.intersection_update(T)	更新集合 S，包括同时在集合 S 和 T 中的元素

续表

操 作 符	说　明
S ^ T 或 S.symmetric_difference(T)	返回一个新集合，包括集合 S 和 T 中的元素，但不包括同时在其中的元素
S =^ T 或 S.symmetric_difference_update(T)	更新集合 S，包括集合 S 和 T 中的元素，但不包括同时在其中的元素
S | T 或 S.union(T)	返回一个新集合，包括集合 S 和 T 中的所有元素
S =| T 或 S.update(T)	更新集合 S，包括集合 S 和 T 中的所有元素
S <= T 或 S.issubset(T)	如果 S 与 T 相同或 S 是 T 的子集，则返回 True，否则返回 False，可以用 S<T 判断 S 是否是 T 的真子集
S >= T 或 S.issuperset(T)	如果 S 与 T 相同或 S 是 T 的超集，则返回 True，否则返回 False，可以用 S>T 判断 S 是否是 T 的真超集

上述操作符表达了集合类型的 4 种基本操作，交集（&）、并集（|）、差集（−）、对称集（^），操作逻辑与数学定义相同，可以用文氏图表示，如图 5.1 所示。

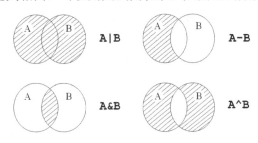

图 5.1　集合类型的 4 种基本操作

集合与数据项之间有 10 个操作函数，如表 5-3 所示。

表 5-3　集合与数据项之间的 10 个操作函数

函　数	说　明
S.add(x)	如果 x 不在集合 S 中，则将 x 添加到集合 S 中
S.clear()	移除集合 S 中的所有数据项
S.copy()	返回集合 S 的一个拷贝
S.pop()	随机返回集合 S 中的一个元素，如果集合 S 为空，则会产生 KeyError 异常
S.discard(x)	如果 x 在集合 S 中，则移除该元素；如果 x 不在集合 S 中，则不会产生 KeyError 异常
S.remove(x)	如果 x 在集合 S 中，则移除该元素；如果 x 不在集合 S 中，则会产生 KeyError 异常
S.isdisjoint(T)	如果集合 S 与 T 没有相同元素，则返回 True
len(S)	返回集合 S 元素个数
x in S	如果 x 是集合 S 中的元素，则返回 True，否则返回 False
x not in S	如果 x 不是集合 S 中的元素，则返回 True，否则返回 False

集合类型主要用于 3 个场景，即成员关系测试、元素去重和删除数据项，示例代码如下：

```python
print("NCU" in {"PYTHON", "NCU", 123, "GOOD"})    # 成员关系测试

tup = ("PYTHON", "NCU", 123, "GOOD", 123)          # 元素去重
```

```
    print(set(tup))

    newtup =set(tup)-{'PYTHON'}                              # 删除数据项
    print(newtup)
```

运行结果为：

```
True
{'NCU', 'PYTHON', 123, 'GOOD'}
{'NCU', 123, 'GOOD'}
```

集合类型与其他类型最大的不同在于它不包含重复元素，因此，当需要对一维数据去重或进行数据重复处理时，一般通过集合来完成。

5.1.3 映射类型

映射类型是"键-值"数据项的组合，每个元素是一个键值对，即 (key, value)，元素之间是无序的。键值对(key, value)是一种二元关系。在 Python 中，映射类型主要以字典（dict）体现，下面是一个映射类型的示例，如图 5.2 所示。

图 5.2 映射类型的示例

5.2 列表

5.2.1 定义列表

列表（list）是包含 0 个或多个对象引用的有序序列，属于序列类型。列表的长度和内容都是可变的，我们可以对列表中的数据项进行增加、删除或替换。列表没有长度限制，其中包含的元素类型可以不同，使用非常灵活。

列表类似于其他编程语言中的"数组"，但是 Python 中的列表可以存储不同类型的数据，每当创建一个列表，Python 解释器在运行代码时就会在内存中开辟一块空间用于存储数据。

5.2.2 索引

列表基本要素如下。
- 标识符：列表的名称，用于区分不同的数组。

- 列表元素：向列表中存放的数据。
- 元素下标：对列表元素进行编号，从 0 开始，列表中的每个元素都可以通过下标来访问。

我们可以通过图来描述这些概念，如图 5.3 所示。

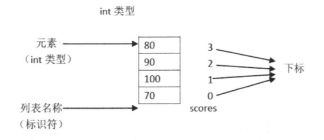

图 5.3　列表基本元素

列表数据结构的格式是把元素放在方括号中，元素之间用逗号分隔，语法格式如下：

列表名称 = [元素 1,元素 2,…]

各个元素数据类型可以相同，也可以不同，例如：

list1 = [1,2,3]
list2 = ["Apple",1000,True]

通过列表变量的下标值，可以访问列表元素的值。下标值使用方括号括起，从 0 开始计数，下标值不能超出列表范围，否则执行时会产生错误。

下标值可以是负值，表示由列表的最后一项往前数，-1 表示最后一个元素，-2 表示倒数第二个元素，以此类推。示例代码如下：

list2 = ["Apple",1000,True]
print(list[1])
print(list[-1])

运行结果为：

1000
True

由于列表属于序列类型，所以列表也支持成员关系操作符（in）、长度计算函数（len()）、分片（[]）。列表可以同时使用正向递增序号和反向递减序号，也可以采用标准的比较操作符（<、<=、==、!=、>=、>）进行比较，列表的比较实际上是单个数据项的逐个比较。

列表的元素还可以是另一个列表，即多维列表。通过方括号的组合，可以对多维列表元素进行访问。例如，以账号和密码组成的列表，代码如下：

list3=[["tom","123456"],["jack","888888"],["john","john"]]
print(list3[1])
print(list3[1][1])

运行结果为：

```
['jack', '888888']
888888
```

5.2.3   操作列表

列表类型的函数如表 5-4 所示。

表 5-4   列表类型的函数

函　　数	说　　明
ls[i] = x	替换列表 ls 第 i 数据项为 x
ls[i: j] = lt	用列表 lt 替换列表 ls 中第 i 到 j-1 项数据
ls[i: j: k] = lt	用列表 lt 替换列表 ls 中第 i 到 j 以 k 为步长的数据
del ls[i: j]	删除列表 ls 中第 i 到 j-1 项数据，等价于 ls[i: j]=[]
del ls[i: j: k]	删除列表 ls 中第 i 到 j-1 以 k 为步长的数据
ls += lt 或 ls.extend(lt)	将列表 lt 中的元素添加到列表 ls 中
ls *= n	更新列表 ls，其元素重复 n 次
ls.append(x)	在列表 ls 最后增加一个元素 x
ls.clear()	删除 ls 中的所有元素
ls.copy()	生成一个新列表，复制 ls 中的所有元素
ls.insert(i, x)	在列表 ls 中的第 i 位置增加元素 x
ls.pop(i)	将列表 ls 中的第 i 项元素取出并删除该元素
ls.remove(x)	将列表中出现的第 1 个元素 x 删除
ls.reverse(x)	将列表 ls 中的元素反转

列表可以通过 for...in 语句对其元素进行遍历，语法格式如下：

```
for <任意变量名> in <列表名>:
    语句块
```

示例代码如下：

```
vlist = [0,"fewer",123,"python",4]
for e in vlist:
    print(e, end=" ")
```

运行结果为：

```
0 fewer 123 python 4
```

列表是一个十分灵活的数据结构，它具有处理任意长度、混合类型的能力，并提供了丰富的基本操作符和函数。当用户需要管理批量数据时，请尽量使用列表类型。

5.2.4   创建数值列表

Python 内置了一个 range() 函数，用于创建一个整数有序列表，一般用在 for 循环语句中。range()函数的语法格式如下：

```
range(start, stop[, step])
```

参数说明如下。

- start：计数从 start 开始。默认从 0 开始。例如，range(5)等价于 range(0,5)。
- stop：计数到 stop 结束，但不包括 stop。例如，range(0,5)的结果为[0, 1, 2, 3, 4]。
- step：步长，默认值为 1。例如：range(0,5)等价于 range(0, 5, 1)。

示例代码如下：

```
print(range(10)) # 从 0 开始到 9，不包括 10
```

运行结果为：

```
range(0, 10)
```

通过上面的示例可以看出，这并不是我们想要的结果。事实上，range()函数生成的是一个有序列表的对象，我们可以利用 list()函数来将该对象转换为一个有序列表。示例代码如下：

```
print(list(range(10)))
```

运行结果为：

```
print(list(range(10)))
```

其他示例代码如下：

```
list1 = list(range(0, 30, 5))   # 步长为 5
list2 = list(range(0, 10, 3))   # 步长为 3
list3 = list(range(0, -10, -1)) # 步长为-1
list4 = list(range(0))
list5 = list(range(1, 0))

print(list1, list2, list3, list4, list5, sep='\n')
```

运行结果为：

```
[0, 5, 10, 15, 20, 25]
[0, 3, 6, 9]
[0, -1, -2, -3, -4, -5, -6, -7, -8, -9]
[]
[]
```

5.2.5　组织列表

Python 提供了许多组织列表的方法，其中，Python 将 list 类型内置 sort()方法用来排序，也可以使用 Python 内置的 sorted()方法来对可迭代的序列进行排序生成新的序列。

简单的升序排序是非常容易的，只需要调用 sorted()方法。它返回一个新的 list，新的 list 的元素基于小于运算符来排序。示例代码如下：

```
print(sorted([5, 2, 3, 1, 4]))
```

运行结果为：

```
[1, 2, 3, 4, 5]
```

我们也可以使用<list>.sort()方法进行排序，此时 list 本身会被修改，而且再也无法恢复到原来的排列顺序。通常此方法不如 sorted()方法方便，但是如果你不需要保留原来的 list，此方法将更有效。示例代码如下：

```
a = [5, 2, 3, 1, 4]
a.sort()
print(a)
```

运行结果为：

```
[1, 2, 3, 4, 5]
```

通过上面的示例可以看出，a 的值已经被改了。

如果想要得到降序序列，我们可以通过在 sorted()方法中使用 reverse 参数来实现。示例代码如下：

```
sorted([5, 2, 3, 1, 4], reverse=True)
```

运行结果为：

```
[5, 4, 3, 2, 1]
```

5.3   元组

5.3.1   定义元组

元组（tuple）是序列类型中比较特殊的类型，因为它一旦创建就不能被修改。元组类型在表达固定数据项、函数多返回值、多变量同步赋值、循环遍历等情况下十分有用。在 Python 中，元组采用逗号和圆括号（可选）来表示。示例代码如下：

```
creature = "cat", "dog", "tiger", "human"
print(creature)
```

运行结果为：

```
('cat', 'dog', 'tiger', 'human')
```

元组中也可以包含另一个元组。示例代码如下：

```
color = ("red", 0x001100, "blue", creature)
print(color)
```

运行结果为：

```
('red', 4352, 'blue', ('cat', 'dog', 'tiger', 'human'))
```

访问元组中的元素与访问列表一样，都是通过下标来访问的。示例代码如下：

```
print(color[2])
print(color[-1][2])
```

运行结果为：

```
blue
tiger
```

5.3.2　操作元组

与列表不同的是，元组中的元素值是不允许被单独修改和删除的，但是我们可以使用 del 语句来删除整个元组。示例代码如下：

```
tuple=('hello',123,3.33,'world')
print("删除之前的元组为：",tuple)
del tuple
print("删除之后的元组为：",tuple)
```

运行结果为：

```
删除之前的元组为：　('hello', 123, 3.33, 'world')
删除之后的元组为：　<class 'tuple'>
```

元组中的元素虽然不能够被改变，但是元组也是一个序列，也可以通过索引去访问和截取元组中指定位置的元素。以下元组名为 students，需要截取 students 的前 3 个元素，示例代码如下：

```
students=('jack','tom','john','amy','kim','sunny')
print("截取元素 0:3",students[0:3])
```

运行结果为：

```
截取元素 0:3 ('jack', 'tom', 'john')
```

5.3.3　元组函数

Python 内置了一些元组函数，常用的元组函数如表 5-5 所示。

表 5-5　常用的元组函数

函　　数	说　　明
len(tuple)	计算元组中元素的个数
max(tuple)	返回元组元素中的最大值
min(tuple)	返回元组元素中的最小值
tuple(list)	将列表转换为元组

示例代码如下：

```
tuple1=(4,2,6,10,9,8)
num=len(tuple1)
print("元组中元素的个数为：",num)
num=max(tuple1)
print("元组元素中的最大值为：",num)
num=min(tuple1)
print("元组元素中的最小值为：",num)

students = ['jack','tom','john','amy','kim','sunny']
print(students)
tuple1=tuple(students)
```

```
print(tuple1)
```

运行结果为:

```
元组中元素的个数为:   6
元组元素中的最大值为:   10
元组元素中的最小值为:   2
['jack', 'tom', 'john', 'amy', 'kim', 'sunny']
('jack', 'tom', 'john', 'amy', 'kim', 'sunny')
```

5.4 字符串

字符串是一种特殊列表,可以按列表元素的访问方法来访问字符串中的元素。

5.4.1 字符串的表示

字符串(str)可以由单引号、双引号或三引号括起来。其中,三引号用于多行文本字符串,三引号、单引号与双引号的作用是一样的,但是要保证引号相匹配。示例代码如下:

```
str1 = 'Hello Python'
str2 = "Hello Python"
str3 = """Hello Python,
Hello World
"""

print(str1, str2, str3, sep='\n')
```

运行结果为:

```
Hello Python
Hello Python
Hello Python,
Hello World
```

如果字符串中包含引号,则可以通过改用另一种引号来将字符串括起来。即字符串中含有单引号,该字符串应该使用双引号括起来;字符串中含有双引号,该字符串应该使用单引号括起来。示例代码如下:

```
str4 = "He said 'Hello'"
str5 = 'He said, "Hello"'

print(str4, str5, sep='\n')
```

运行结果为:

```
He said 'Hello'
He said, "Hello"
```

如果不想使用不同的引号来表示带引号的字符串,还可以使用转义字符,即反斜杠“\”

来对引号进行转义，使输出结果直接显示引号。例如，包含单引号的字符串使用单引号括起来了，使用“\”对字符串中的单引号进行了转义。示例代码如下：

```
str6 = 'He said \'Hello\''
print(str6)
```

运行结果为：

```
He said 'Hello'
```

5.4.2 原始字符串

要想使字符串中的所有字符都不发生转义，按照本来的样子显示出来，需要使用原始字符串，即所有的字符串都是直接按照字面的意思来使用，没有转义特殊或不能打印的字符。

在 Python 中，原始字符串通过在字符串前面添加一个“r”（“R”）来表示。示例代码如下：

```
str7 = "He said \'Hello\' \nI said \'Hi\'"
str8 = r"He said \'Hello\' \n    I said \'Hi\'"

print(str7, str8, sep='\n')
```

运行结果为：

```
He said 'Hello'
I said 'Hi'
He said \'Hello\' \n    I said \'Hi\'
```

通过上面的示例可以看出，在字符串前面添加了“r”之后，本该转义的单引号（\'）和换行（\n）都没有发生转义。

5.4.3 字符串的操作

字符串也是一个字符列表，字符串最左端位置标记为 0，依次增加。字符串中的编号称为“索引”。通过索引可以获取该位置上的字符，如图 5.4 所示。

H	e	l	l	o		J	o	h	n
0	1	2	3	4	5	6	7	8	9

图 5.4 字符串中的元素对应的索引

单个索引可以访问字符串中该位置的字符，语法格式如下：

```
<string>[<索引>]
```

示例代码如下：

```
greet = "Hello John"
print(greet[2])

x = 8
print(greet[x-2])
```

运行结果为：

```
I
J
```

在 Python 中，字符串索引从 0 开始，一个长度为 L 的字符串最后一个字符的位置是 L-1。Python 同时允许使用负数从字符串右侧末尾向左侧进行反向索引，最右侧索引值是-1。示例代码如下：

```
print(greet[-4])
```

可以通过两个索引值确定一个位置范围，返回这个范围的子串，语法格式如下：

```
<string>[<start>:<end>]
```

start 和 end 都是整数类型数值，这个子序列从索引 start 开始直到索引 end 结束，但不包括 end 位置。示例代码如下：

```
print(greet[0:3])
```

运行结果为：

```
Hel
```

字符串之间可以通过"+"或"*"进行连接。其中，加法运算符"+"将两个字符串连接成一个新的字符串；乘法运算符"*"生成一个由其本身字符串重复连接而成的字符串。示例代码如下：

```
print("pine" + "apple")
print(3 * "pine")
```

运行结果为：

```
pineapple
pinepinepine
```

len()函数用于返回一个字符串的长度。示例代码如下：

```
print(len("pine"))
print(len("祖国，您好！"))
```

运行结果为：

```
4
6
```

5.4.4 字符串类型的转换

大多数数据类型都可以通过 str()函数转换为字符串。示例代码如下：

```
print(str(123))
print(str(123.456))
print(str(123e+10))
```

运行结果为：

```
123
```

```
123.456
1230000000000.0
```

Python 中没有单独的单个字符串类型，要注意字符串和数字之间的区别。示例代码如下：

```
print(4 + 5)
print("4" + "5")
print(4 + "5")
```

运行结果为：

```
9
45
```

```
TypeError                 Traceback (most recent call last)
<ipython-input-16-e64580ee6aa3> in <module>
      1 print(4 + 5)
      2 print("4" + "5")
------>3 print(4 + "5")

TypeError: unsupported operand type(s) for +: 'int' and 'str'
```

通过上面的示例可以看出，int 类型和 str 类型是不能直接相加的。

5.4.5　常用字符串运算符

表 5-6 列出了一些常用字符串运算符，其中示例变量 a 的值为“Hello”，变量 b 的值为“Python”。

表 5-6　常用字符串运算符

运 算 符	说　　明	示　　例
+	字符串连接	print(a + b)　　# HelloPython
*	重复输出字符串	print(a * 2)　　# HelloHello
<string>[m]	通过索引获取字符串中的字符	print(a[1])　　# e
<string>[m:n]	截取字符串中的一部分	print(a[1:4])　　# ell
in	成员运算符，如果字符串中包含给定的字符，则返回 True；否则返回 False	print("H" in a)　　# True
not in	成员运算符，如果字符串中不包含给定的字符，则返回 True；否则返回 False	print("M" not in a)　# True
for <var> in <string>	字符串迭代	for i in "AB": 　　print(i, sep="+")# A+B

需要注意的是，在 Jupyter Notebook 编辑器中，如果用户直接在 In 中输入字符串，则会在 Out 中输出字符串，且输出的字符串是带引号的；如果使用 print() 函数来输出字符串，则不带引号。

5.4.6　字符串函数

Python 内置了许多字符串函数，常用的字符串函数如表 5-7 所示。

表 5-7　常用的字符串函数

函　　数	说　　明
len(<string>)	返回字符串长度
<string>.capitalize()	返回一个第一个字符大写的新的字符串
<string>.center(width)	返回一个内容居中，并使用空格填充至长度 width 的新字符串
<string>.count(str, beg=0, end=len(string))	返回 str 在字符串中出现的次数，如果指定了 beg 或 end，则返回指定范围内 str 出现的次数
<string>.find(str, beg=0, end=len(string))	检测 str 是否包含在字符串中，如果指定了 beg 和 end，则检测是否包含在指定范围内，如果包含则返回第一次匹配到的索引值，否则返回-1
<string>.isspace()	如果字符串中只包含空格，则返回 True，否则返回 False
<string>.join(seq)	以整个字符串作为分隔符，将 seq 中所有的元素（字符串表示）合并为一个新的字符串
<string>.lower()	返回一个将字符串中所有大写字母转换为小写字母的新字符串
<string>.replace(str1, str2, num=string.count(str1))	返回一个新字符串，把原字符串中的 str1 替换成 str2，如果指定了 num，则替换不超过 num 次
<string>.split(str="", num=string.count(str))	以 str 为分隔符切片字符串，如果指定了 num，则仅分隔 num 个子字符串
<string>.strip()	返回一个去除首尾空格的新字符串
<string>.upper()	返回一个将字符串中所有小写字母转换为大写字母的新字符串

5.5　集合

5.5.1　定义集合

集合（set）是一个无序且不含重复元素的序列。集合是一组键（key）的集合，在集合中，没有重复的键。集合主要用来进行成员关系测试和删除重复元素。

我们可以使用花括号 {} 或 set() 函数创建集合。示例代码如下：

```
set1 = {1,3,5,5,3,1}
print(set1)
print(5 in set1)
print(8 in set1)
```

运行结果为：

```
{1, 3, 5}
True
False
```

5.5.2　集合的运算

集合可以看成数学意义上的无序和无重复元素的集合，因此，两个集合可以进行数学意义上的交集、并集等操作。示例代码如下：

```
set1 = {1,3,5,5,3,1}
set2 = {2,4,5}


print(set1 | set2)              # 并集
print(set1 & set2)              # 交集
print(set1 − set2)              # 差集
print(set1 ^ set2)              # 补集
print((set1|set2)−(set1&set2))  # 复杂运算
```

运行结果为：

```
{1, 2, 3, 4, 5}
{5}
{1, 3}
{1, 2, 3, 4}
{1, 2, 3, 4}
```

5.5.3　集合函数

1．新建一个集合

set("hello")会将字符串、列表等转换成单个元素的值插入集合中，结果是 {'h', 'e', 'l', 'o'}，因为集合中不允许出现重复元素，所以只插入一次 'l' 。示例代码如下：

```
print(set("Hello"))
```

运行结果为：

```
{'H', 'e', 'l', 'o'}
```

2．增加一个元素

<set>.add()用于增加一个元素值。如果使用 add 增加多个元素值，则会提示参数类型错误。
<set>.update([])用于增加多个元素值，参数为列表。

示例代码如下：

```
set2 = {1,3,5}
set2.add(7)
print(set2)
set2.update([11,22,33])
print(set2)
```

运行结果为：

```
{1, 3, 5, 7}
{1, 33, 3, 5, 7, 11, 22}
```

3．删除一个元素

<set>.remove()用于删除一个集合中的元素，这个值在集合中必须存在，如果不存在，则会引发 KeyError 错误。

<set>.discard()用于删除一个集合中的元素，这个值不必一定存在，在不存在的情况下删

除也不会引发 KeyError 错误。

示例代码如下：

```
set3 = {1,2,3,4,5,6}
set3.remove(2)
print(set3)
# set3.remove(7)
# print(set3)

set3 = {1,2,3,4,5,6}
set3.discard(2)
print(set3)
set3.discard(7)
print(set3)
```

运行结果为：

```
{1, 3, 4, 5, 6}
{1, 3, 4, 5, 6}
{1, 3, 4, 5, 6}
```

4. 随机删除函数

<set>.pop()用于随机返回一个元素值，然后把这个值删除，如果集合为空，调用这个函数则会引发 TypeError 错误。示例代码如下：

```
set4 = {1,2,3,4,5,6}
set4.pop()
print(set4)
set5 = {}
set5.pop()
print(set5)
```

运行结果为：

```
{2, 3, 4, 5, 6}
————————————————————————————————————————————
TypeError                Traceback (most recent call last)
<ipython-input-25-960a4f85148e> in <module>
        3 print(set4)
        4 set5 = {}
------>5 set5.pop()
        6 print(set5)

TypeError: pop expected at least 1 arguments, got 0
```

5. 清空函数

<set>.clear()用于将集合全部清空。示例代码如下：

```
set6={1,2,3,4,5,6}
set6.clear()
print(set6)
```

运行结果为:

```
set()
```

6. 测试两个集合是否是包含关系

s1.issubset(s2)测试 s1 是否是 s2 的子集,即是否 s1 中的每一个元素都在 s2 中。运算符操作为 s1 <= s2。

s2.issuperset(s1)测试 s2 是否是 s1 的父集,即是否 s1 中的每一个元素都在 s2 中。运算符操作为 s1 >= s2。需要注意的是,s2 调用 issubset()方法,参数为 s1。

示例代码如下:

```
s1 = {1,2,3,4,5}
s2 = {1,2,3,4,5,6,7,8}
print(s1.issubset(s2))
print(s2.issuperset(s1))
```

运行结果为:

```
True
True
```

5.6　字典

5.6.1　定义字典

通过任意键(key)查找一组与键关联的值(value)的过程称为映射,在 Python 中,我们可以通过字典实现映射。Python 中的字典可以使用花括号"{}"创建,语法格式如下:

```
{<键 1>:<值 1>,<键 2>:<值 2>, … ,<键 n>:<值 n>}
```

其中,键和值之间通过冒号连接,不同键值对通过逗号分隔。示例代码如下:

```
Dcountry={"中国":"北京", "美国":"华盛顿", "法国":"巴黎"}
print(Dcountry)
```

运行结果为:

```
{'中国': '北京', '美国': '华盛顿', '法国': '巴黎'}
```

字典打印出来的顺序与创建之初的顺序不同,这并不是 Python 出现了错误,字典是集合类型的延续,各个元素并没有顺序之分。

字典最主要的用法是查找与特定键相对应的值,这可以通过索引符号来实现。示例代码如下:

```
print(Dcountry["中国"])
```

运行结果为:

北京

5.6.2 字典操作

一般来说，字典中键值对的访问模式如下，采用方括号"[]"括起来，将键对应的值赋给变量，语法格式如下：

<变量名> = <字典变量>[<键>]

示例代码如下：

```
new_Dcountry = Dcountry["中国"]
print(new_Dcountry)
```

运行结果为：

北京

在字典中对某个键值的修改可以通过方括号"[]"的访问和赋值实现。示例代码如下：

```
Dcountry["中国"]='北京'
print(Dcountry)
```

运行结果为：

{'中国': '北京', '美国': '华盛顿', '法国': '巴黎'}

通过方括号"[]"可以对字典增加新的元素。示例代码如下：

```
Dcountry={"中国":"北京", "美国":"华盛顿", "法国":"巴黎"}
Dcountry["英国"]="伦敦"
print(Dcountry)
```

运行结果为：

{'中国': '北京', '美国': '华盛顿', '法国': '巴黎', '英国': '伦敦'}

直接使用花括号"{}"可以创建一个空的字典，并通过方括号"[]"向其增加元素。示例代码如下：

```
Dp={}
Dp['2^10']=1024
print(Dp)
```

运行结果为：

{'2^10': 1024}

与其他组合类型一样，字典可以通过 for...in 语句对其元素进行遍历，语法格式如下：

```
for<变量名> in <字典名>:
    语句块
```

示例代码如下：

```
for key in Dcountry:
    print(key)
```

运行结果为：

中国
美国
法国
英国

字典是实现键值对映射的数据结构，请理解如下基本原则。

- 字典是一个键值对的集合，该集合以键为索引，一个键信息只对应一个值信息。
- 字典中的元素以键信息为索引进行访问。
- 字典长度是可变的，我们可以通过对键信息赋值实现增加或修改键值对。

5.6.3　字典函数

Python 内置了一些字典函数，常用的字典函数如表 5-8 所示。

表 5-8　常用的字典函数

函　　数	说　　明
len(<dict>)	计算字典元素个数，即键的总数
<dict>.copy()	返回字典（浅复制）的一个副本
<dict>.keys()	返回一个包含字典中键的列表
<dict>.values()	返回一个包含字典中所有值的列表
<dict>.items()	返回一个包含字典中键值对元组的列表
<dict>.get(<key>,<default>)	如果键存在则返回相应值，否则返回默认值
<dict>.pop(<key>,<default>)	如果键存在则返回相应值，同时删除键值对，否则返回默认值
<dict>.popitem()	随机从字典中取出一个键值对，以元组（key, value）形式返回
del <dict>[<key>]	删除字典中某一个键值对
<dict>.clear()	删除字典中所有的键值对，即将该字典设置为空字典
<key> in <dict>	判断键是否在字典中，如果键在字典中则返回 True，否则返回 False
<dict>.update(<dict2>)	将字典 dict2 的键值对添加到字典 dict 中

1．len(<dict>)函数

len(<dict>)函数计算字典元素个数，即键的总数。示例代码如下：

```
Dict01 = {'name':'Https', 'port':'443','user':'cute'}
print(len(Dict01))
```

运行结果为：

```
3
```

2．<dict>.copy()

<dict>.copy()函数返回字典（浅复制）的一个副本。示例代码如下：

```
Dict01 = {'name':'Https', 'port':'443','user':'cute'}
Dict02 = Dict01.copy()
print(Dict02)
print(id(Dict01))
print(id(Dict02))
```

运行结果为：

```
{'name': 'Https', 'port': '443', 'user': 'cute'}
2899821529704
2899821529560
```

其中，id()是 Python 的内置函数，用于得到一个对象的唯一标识符。

3．<dict>.keys()函数

<dict>.keys()函数返回一个包含字典中键的列表。示例代码如下：

```
print(Dict01.keys())
```

运行结果为：

```
dict_keys(['name', 'port', 'user'])
```

4．<dict>.values()函数

<dict>.values()函数返回一个包含字典中所有值的列表。示例代码如下：

```
print(Dict01.values())
```

运行结果为：

```
dict_values(['Https', '443', 'cute'])
```

5．<dict>.items()函数

<dict>.items()函数返回一个包含字典中键值对元组的列表。示例代码如下：

```
Dict01 = {'name':'Https', 'port':'443','user':'cute'}
print(Dict01.items())
```

运行结果为：

```
dict_items([('name', 'Https'), ('port', '443'), ('user', 'cute')])
```

6．<dict>.get(<key> [,<default>])函数

<dict>.get(<key>,<default>)函数根据字典 dict 中的键 key，返回与它对应的值 value。如果字典中不存在此键，则返回 default 的值（需要注意的是，参数 default 的值是可选的，如果不填写参数 default 则默认值为 None）。示例代码如下：

```
Dict01 = {'name':'Https', 'port':'443','user':'cute'}
print(Dict01.get('name'))
print(Dict01.get('home'))
print(Dict01.get('home', 'www.bilibili.com'))
```

运行结果为：

```
Https
None
www.bilibili.com
```

7．<dict>.pop(<key> [, <default>])函数

<dict>.pop(<key> [, <default>])函数取出字典 dict 中的键 key，返回与它对应的值 value，

并在字典中删除该键值对。如果字典中不存在此键，则返回 default 的值（需要注意的是，参数 default 的值是可选的，如果不填写参数 default 则默认值为 None）。示例代码如下：

```
Dict01 = {'name':'Https', 'port':'443','user':'cute'}
print(Dict01.pop('user', 'default'))
print(Dict01)
```

示例代码如下：

```
cute
{'name': 'Https', 'port': '443'}
```

8．<dict>.popitem()函数

<dict>.popitem()函数随机从字典中取出一个键值对，以元组（key, value）形式返回。示例代码如下：

```
Dict01 = {'name':'Https', 'port':'443','user':'cute'}
print(Dict01.popitem())
print(Dict01)
```

运行结果为（运行结果可能与下面不同）：

```
('user', 'cute')
{'name': 'Https', 'port': '443'}
```

9．del <dict>[<key>]函数

del <dict>[<key>]函数删除字典中某一个键值对。示例代码如下：

```
Dict01 = {'name':'Https', 'port':'443', 'user':'cute'}
del Dict01['name']
print(Dict01)
```

运行结果为：

```
{'port': '443', 'user': 'cute'}
```

10．<dict>.clear()函数

<dict>.clear()函数删除字典中所有的键值对，即将该字典置为空字典。示例代码如下：

```
Dict01 = {'name':'Https', 'port':'443','user':'cute'}
Dict01.clear()
print(Dict01)
```

运行结果为：

```
{}
```

11．<key> in <dict>函数

<key> in <dict>函数判断键是否在字典中，如果键在字典中则返回 True，否则返回 False。示例代码如下：

```
Dict01 = {'name':'Https', 'port':'443', 'user':'cute'}
print('name' in Dict01)
```

运行结果为：

> True

12. <dict>.update(<dict2>)函数

<dict>.update(<dict2>)函数将字典 dict2 的键值对添加到字典 dict 中。示例代码如下：

```
Dict01 = {'name':'Https', 'port':'443','user':'cute'}
Dict02 = {'color':'blue'}
Dict01.update(Dict02)
print(Dict01)
```

运行结果为：

> {'name': 'Https', 'port': '443', 'user': 'cute', 'color': 'blue'}

5.7 jieba 库的使用

5.7.1 jieba 库简介

jieba 库是优秀的中文分词第三方库，中文文本需要通过分词获得单个的词语，jieba 不是安装包自带的，可以通过 pip 命令进行安装，安装步骤如下。

（1）打开 Anaconda Prompt 窗口。

（2）在出现的命令行窗口输入如下命令，请确保电脑连接了网络。

> pip install jieba

（3）稍等待片刻即可安装成功，如图 5.5 所示。

图 5.5 jieba 库安装成功

也可以直接在 Notebook 中执行以下命令：

> !pip install jieba

等待出现以下结果表示 jieba 库安装成功：

> # 省略部分命令输出
> Successfully installed jieba-0.42.1

jieba 库的语法格式如下：

```
import jieba
print(jieba.lcut("中国是一个伟大的国家"))
```

运行结果为：

```
['中国', '是', '一个', '伟大', '的', '国家']
```

5.7.2　jieba 库的解析

jieba 分词原理如下。

- 利用一个中文词库确定汉字之间的关联概率。
- 汉字之间概率大的组成词组，形成分词结果。
- 除了分词，用户还可以添加自定义的词组。

jieba 分词有以下 3 种模式。

- 精确模式：把文本精确地切分开，不存在冗余单词。
- 全模式：把文本中所有可能的词语都扫描出来。
- 搜索引擎模式：在精确模式基础上，对长词再次划分。

jieba 库常用函数如表 5-9 所示。

表 5-9　jieba 库常用函数

函　　数	说　　明
jieba.cut(s)	精确模式，返回一个可迭代的数据类型
jieba.cut(s, cut_all=True)	全模式，输出文本 s 中所有可能单词
jieba.cut_for_search(s)	搜索引擎模式，适合搜索引擎建立索引的分词结果
jieba.lcut(s)	精确模式，返回一个列表类型，建议使用
jieba.lcut(s, cut_all=True)	全模式，返回一个列表类型，建议使用
jieba.lcut_for_search(s)	搜索引擎模式，返回一个列表类型，建议使用
jieba.add_word(w)	向分词词典中增加新词 w

示例代码如下：

```
import jieba

print(jieba.lcut("中国是一个伟大的国家"))
print(jieba.lcut("中华人民共和国是一个伟大的国家", cut_all=True))
print(jieba.lcut_for_search("中华人民共和国是一个伟大的国家"))
```

运行结果为：

```
['中国', '是', '一个', '伟大', '的', '国家']
['中华', '中华人民', '中华人民共和国', '华人', '人民', '人民共和国', '共和', '共和国', '国是', '一个', '伟大', '的', '国家']
['中华', '华人', '人民', '共和', '共和国', '中华人民共和国', '是', '一个', '伟大', '的', '国家']
```

5.7.3　词频统计

下面我们利用 jieba 库对电视剧《琅琊榜》中的人物进行出场统计，将琅琊榜.txt 文件放在与当前 Jupyter Notebook 文件相同的路径下。示例代码如下：

```
import jieba

txt = open("琅琊榜.txt", "r", encoding='utf-8').read()
words = jieba.lcut(txt)
counts = {}
for word in words:
    if len(word) == 1:
        continue
    else:
        counts[word] = counts.get(word, 0) + 1
items = list(counts.items())
items.sort(key=lambda x:x[1], reverse=True)
for i in range(15):
    word, count = items[i]
    print("{0:<10} {1:>5}".format(word, count))
```

运行结果为：

```
梅长        2802
没有        1568
什么        1476
自己        1203
一个        1100
靖王         979
知道         938
不是         912
这个         873
飞流         858
萧景         854
殿下         780
有些         748
不过         742
怎么         703
```

通过观察运行结果可以发现，需要排除一些与人名无关的词汇，如"没有""什么"等。
示例代码如下：

```
import jieba

excludes = {"没有", "什么", "自己", "一个", "知道", "不是", "这个", "有些", "不过", "怎么"}
txt = open("琅琊榜.txt", "r", encoding='utf-8').read()
words = jieba.lcut(txt)
counts = {}
for word in words:
    if len(word) == 1:
```

```
                continue
        else:
            rword = word
            counts[rword] = counts.get(rword, 0) + 1
    for word in excludes:
        del(counts[word])
    items = list(counts.items())
    items.sort(key=lambda x:x[1], reverse=True)
    for i in range(5):
        word, count = items[i]
        print("{0:<10} {1:>5}".format(word, count))
```

运行结果为：

梅长	2802
靖王	979
飞流	858
萧景	854
殿下	780

请继续完善程序，排除更多无关词汇干扰，总结出场最多的 10 个人物都有哪些。另外，同一个人物会有不同的名字，这种情况需要整合处理。运行结果中的"梅长"应该是"梅长苏"。读者请参考文档 github（https://github.com/fxsjy/jieba）和开源中国（http://www.oschina.net/p/jieba）自行修改完善。

5.8　综合练习

5.8.1　显示特价商品

商场每天会推出 5 件特价商品，编写一个程序，利用列表来存储这 5 件特价商品，并依次将 5 件特价商品的名称显示出来。

实现思路如下。

（1）创建一个列表，用于存储 5 件特价商品的名称。

（2）使用循环语句输出 5 件特价商品的名称。

代码如下：

```
items = ['黑人牙膏','奥利奥饼干','金龙鱼调和油','老干妈风味豆豉','压缩饼干']
for item in items:
    print(item)
```

运行结果为：

```
黑人牙膏
奥利奥饼干
金龙鱼调和油
```

老干妈风味豆豉
压缩饼干

5.8.2　购物结算四

商场购物结算系统需要升级，先编写一个程序，以表格的形式输出 5 笔购物金额及总金额。

实现思路如下。

（1）创建一个列表用于存储 5 笔购物金额。

（2）循环输入 5 笔购物金额，并累加总金额。

（3）利用循环语句输出 5 笔购物金额，最后输出总金额。

代码如下：

```
cashes = [0] * 5
sum = 0.0                              #总金额
print("请输入会员本月的消费记录")
#循环输入金额
for i in range(len(cashes)):
    cashes[i] = float(input("请输入第"+ str(i+1) +"笔购物金额："))
    sum =   sum + cashes[i]            #累加总金额
#循环输出每笔金额
print(" \n 序号\t\t\t 金额(元)" )
for i in range(len(cashes)):
        print(str(i+1) +"\t\t\t" + str (cashes[i]))
print("总金额\t\t"+ str (sum))
```

依次输入 100、200、300、400、500，运行结果为：

```
请输入会员本月的消费记录
请输入第 1 笔购物金额：100
请输入第 2 笔购物金额：200
请输入第 3 笔购物金额：300
请输入第 4 笔购物金额：400
请输入第 5 笔购物金额：500

序号          金额(元)
1           100.0
2           200.0
3           300.0
4           400.0
5           500.0
总金额         1500.0
```

5.8.3　成绩降序排列

有一组学生的成绩为[99, 85,82,63,60], 分数按降序排列。此外，再增加一个学生的成绩，将它插入成绩序列中，并保持降序排列。

实现思路如下。

（1）将成绩序列保存在列表中。

（2）通过比较找到学生成绩的插入位置。

（3）将该位置后的元素后移一个位置。

（4）将增加的学生成绩插入到该位置。

代码如下：

```python
list = [99,85, 82,63,60]
index = len(list)                    # 保存新增学生成绩的插入位置
num = int(input("请输入新增成绩："))
#找到新增学生成绩的插入位置
for i in range(len(list)):
        if num > list[i]:
                index = i
                break
list.insert(index, num)              # 插入学生成绩
print("插入成绩的下标是："+ str(index))
print( "插入后的成绩信息是：")
for k in range(len(list)):           # 循环输出目前数组中的学生成绩
        print (str (list [k]) +"\t", end="")
```

输入 70，运行结果为：

```
请输入新增成绩：70
插入成绩的下标是：3
插入后的成绩信息是：
99    85    82    70    63    60
```

5.8.4　字符逆序输出

将一组乱序的字符进行排序，分别进行升序和逆序输出。

实现思路如下。

（1）创建列表存储原始字符序列。

（2）利用 sorted()方法对列表进行升序排列，并循环输出列表中的元素。

（3）从最后一个元素开始，将数组中的元素逆序输出。

代码如下：

```python
chars = ["d","q", "z", "v", "a"]
new_chars = sorted(chars)
for char in new_chars:
     print(char, end=" ")
print("\n----------------")

num = len(new_chars)
for i in range(num):
```

```
        print(new_chars[num-i-1], end=" ")
```

运行结果为：

```
a d q v z
----------------
z v q d a
```

5.8.5　月份名称转换

输入一个月份数字，返回对应月份名称的缩写，这个问题的 IPO 模式如下。

（1）输入：输入一个表示月份的数字（1～12）。

（2）处理：利用字符串基本操作实现该功能。

（3）输出：输入数字对应月份名称的缩写。

实现思路如下。

首先，我们可以将所有月份名称的缩写存储在一个字符串中，代码如下：

```
months = "JanFebMarAprMayJunJulAugSepOctNovDec"
```

然后，在字符串中截取适当的子字符串来查找特定月份，找出在哪里切割子字符串。考虑到每个月份名称的缩写都由 3 个字母组成，如果 pos 表示一个月份名称的第一个字母，则 months[pos:pos+3]表示这个月份名称的缩写，代码如下：

```
monthAbbrev = months[pos:pos+3]
```

月份名称缩写第一个字母在字符串中的位置如表 5-10 所示。

表 5-10　月份名称缩写第一个字母在字符串中的位置

月份名称的缩写	月 份 数 字	字符串中第一个字母的位置
Jan	1	0
Feb	2	3
Mar	3	6
Apr	4	9
May	5	12
Jun	6	15
Jul	7	18
Aug	8	21
Sep	9	24
Oct	10	27
Nov	11	30
Dec	12	33

可以看出，pos 与月份数字 n 的关系为：

```
pos = (n - 1) * 3
```

由此，我们可以得出如下代码：

```
months = "JanFebMarAprMayJunJulAugSepOctNovDec"
n = input("请输入月份数（1～12）: ")
```

```
pos = (int(n) − 1) * 3
monthAbbrev = months[pos:pos+3]
print("月份简写是"+monthAbbrev+".")
```

输入 7，运行结果为：

```
请输入月份数（1～12）：7
月份简写是 Jul.
```

5.9　习题

1．输入 10 个数，并计算这 10 个数的和及平均值。

2．输入一个大于 2 的整数 n，计算 2～n 之间所有的质数，要求用列表存储计算结果。

3．输入某年某月某日，判断这一天是这一年的第几天？

4．将列表 a 的数据复制到列表 b 中，同时再修改列表 a，要求列表 b 中的数据不会发生变化。

5．输入一个列表（使用 eval()函数）和两个整数作为下标，然后输出列表中介于两个下标之间（下标从 0 开始，包含首尾值）的元素组成的子列表。例如，用户输入"[1, 2, 3, 4, 5, 6]"和"2, 5"，程序输出"[3, 4, 5, 6]"。

6．设计一个字典，并编写程序，用户输入内容作为键，然后输出字典中对应的值。如果用户输入的键不存在，则输出"您输入的键不存在！"。

7．计算所有的"水仙花数"并打印出来。所谓"水仙花数"是指一个 3 位数，其各位数字立方和等于该数本身。例如，153 是一个"水仙花数"，因为 $153=1^3 + 5^3 + 3^3$。

8．在屏幕上输出 m 行 n 列，宽度为 i，由某种符号构成的空心矩形。

9．计算 $s=a+aa+aaa+aaaa+\cdots+aa\cdots a$ 的值，a 是一个数字，最后一项有 n 位，由用户输入 a 和 n。例如，用户输入 2 和 5，计算 $s=2+22+222+2222+22222$（此时共有 5 个数相加）的值。

第6章 函数和模块

6.1 函数的基本使用

6.1.1 函数的定义

函数是组织好的、可重复使用的，用来实现单一或相关联功能的代码段。函数能够提高应用的模块性和代码的重复利用率。函数利用函数名来标识，并通过函数名进行功能的调用。

函数也可以看作一段具有名字的子程序，可以在需要的地方调用执行，不需要在每个执行地方重复编写这些语句。每次使用函数可以输入不同的数据，以实现对不同数据的处理；函数被执行后，还可以返回相应的处理结果。

Python 提供了许多内置函数，如 print()，用户也可以自己创建函数，这被称为用户自定义函数。定义函数的规则如下。

- 函数代码块以"def"关键词开头，后接函数标识符名称和圆括号"()"。
- 任何传入参数和自变量必须放在圆括号中，参数列表用于定义参数。
- 函数的第 1 行语句可以选择性地使用文档字符串——用于存储函数说明。
- 函数内容以冒号起始，并且缩进。
- 通过"[return<表达式>]"来结束函数，选择性地返回一个值给调用方。当函数不带 return 语句时相当于"return None"。

定义函数的语法格式如下：

```
def <函数名>(<参数列表>):
    <函数体>
    [return <返回值列表>]
```

过生日时要为朋友唱生日歌，歌词为：

```
Happy birthday to you!
Happy birthday to you!
Happy birthday, dear <名字>!
Happy birthday to you!
```

编写程序为 Mike 和 Lily 输出生日歌，最简单的实现方法是重复使用 print()语句，示例代码如下：

```
print("Happy birthday to you!")
```

```
print("Happy birthday to you!")
print("Happy birthday, dear Mike!")
print("Happy birthday to you!")
```

现在利用自定义函数来实现此功能，示例代码如下：

```
def happy():
    print("Happy birthday to you! ")

def happyB(name):
    happy()
    happy()
    print("Happy birthday, dear {}!".format(name))
    happy()

happyB("Mike")
print()
happyB("Lily")
```

运行结果为：

```
Happy birthday to you!
Happy birthday to you!
Happy birthday, dear Mike!
Happy birthday to you!

Happy birthday to you!
Happy birthday to you!
Happy birthday, dear Lily!
Happy birthday to you!
```

在上面的两个示例中定义了两个函数，一个函数用于输出生日快乐的语句，另一个函数用于输出带有名字的生日快乐的语句。通过重复使用 print()函数和自定义函数实现此功能对比，显然第二种方法可读性强，代码量少。

6.1.2　函数调用的过程

程序调用一个函数需要执行以下 4 个步骤。

（1）调用程序在调用处暂停执行。

（2）在调用时将实参复制给函数的形参。

（3）执行函数体语句。

（4）函数调用结束后给出返回值，程序回到函数调用前的暂停处继续执行。

示例中的函数调用过程如下。

（1）调用程序在调用处暂停执行，即从 happyB("Mike")跳转至函数 def happyB(name):。

（2）将实参传递给函数的形参，即 name = "Mike"。

（3）执行函数体语句。

① happy()是一个函数调用，按照上述步骤执行，但是这个函数没有实参，所以直接执行函数体语句，此处是直接输出语句"Happy birthday to you!"，函数调用结束输出返回值，程序回到函数调用前的暂停处继续执行。

② happy()函数的执行过程同①。

③ print("Happy birthday, dear {}!".format(name))。

④ happy()函数的执行过程同①。

（4）函数调用结束后输出返回值，程序回到函数调用前的暂停处继续执行，即 print()函数、happyB("Lily")、程序结束。

6.2 函数的参数传递

6.2.1 可选参数和可变数量参数

在定义函数时，有些参数可以存在默认值，当函数调用的实参给出新的值时，默认值将被覆盖，否则，还是使用默认值。例如，下面这段代码，times 参数的默认值为 2：

```
def dup(str, times=2):
    print(str * times)

dup("knock~")
dup("knock~", 4)
```

运行结果为：

```
knock~knock~
knock~knock~knock~knock~
```

在定义函数时，可以设计可变数量参数，通过在参数前添加星号"*"来实现，示例代码如下：

```
def vfunc(a, *b):
    print(type(b))
    for n in b:
        a += n
    return a

print(vfunc(1,2,3,4,5))
```

运行结果为：

```
<class 'tuple'>
15
```

通过上面的示例可以看出，Python 是把*b 作为一个 tuple（元组）来处理的。

6.2.2 关键字参数和位置参数

Python 提供了按照形参名称输入实参的方式，调用格式如下：

```
result = func(x2=4, y2=5, z2=6, x1=1, y1=2, z1=3)
```

由于调用函数时指定了参数名称，所以参数之间的顺序可以任意调整。

如果调用函数时使用位置参数（省略参数名称），则必须以正确的顺序传入函数，调用函数时的数量必须和声明函数时的数量一样，不然系统会报错。正确的函数调用格式如下：

```
def loc_par(p1,p2,...,pn):
    函数体


loc_par(n1,n2,...,nn)
```

6.2.3　变量的返回值

return 语句用于退出函数并将程序返回到函数被调用的位置继续执行，同时将 0 个、1 个或多个函数运算完的结果返回给函数被调用的变量，示例代码如下：

```
def func(a, b):
    return a * b


s = func("knock~", 2)
print(s)
```

运行结果为：

```
knock~knock~
```

此外，在函数体内可以没有 return 语句，此时解释器会在函数运行时在末尾加上"return None"，即返回空值，如 6.1.1 节的 happy()函数。函数也可以使用 return 语句返回多个值，多个值以元组类型保存，示例代码如下：

```
def func(a, b):
    return b, a


s = func("knock~", 2)
print(s, type(s))
```

运行结果为：

```
(2, 'knock~') <class 'tuple'>
```

6.2.4　函数对变量的作用

一个程序中的变量包括两类：全局变量和局部变量。

● 全局变量是指在函数外部定义的变量，一般没有缩进，在程序执行全过程中有效。
● 局部变量是指在函数内部使用的变量，仅在函数内部有效，当函数退出时变量将不存在。

示例代码如下：

```
n = 1          # n 是全局变量
def func(a,b):
```

```
        c = a * b    #c是局部变量，a和b作为函数参数也是局部变量
        return c


s = func("knock~", 2)
print(c)
```

运行结果为：

```
————————————————————————————————————————————————
NameError             Traceback (most recent call last)
<ipython-input-9-81709e6b24a3> in <module>
        5
        6 s = func("knock~", 2)
-------> 7 print (c)


NameError: name 'c' is not defined
```

这个示例说明，当函数执行完退出后，其内部变量将被释放。如果函数内部使用了全局变量呢？ 示例代码如下：

```
n = 1   #n是全局变量
def func(a, b):
    n = b   #n是在函数内存中新生成的局部变量，它不是全局变量
    return a * b


s = func("knock~", 2)
print(s, n)   # 测试一下 n 的值是否改变
```

运行结果为：

```
knock~knock~ 1
```

func()函数内部使用了变量 n，并且将变量参数 b 赋值给变量 n，为什么全局变量 n 的值没有改变？这是因为 func() 函数内部的 n 是新生成的局部变量，与代码最开头的全局变量 n 没有任何关系。

如果想让 func()函数将 n 当作全局变量，需要在变量 n 使用前显式声明该变量为全局变量，示例代码如下：

```
n = 1              #n 是全局变量
def func(a, b):
    global n       # 声明使用的 n 为全局变量
    n = b          # 将局部变量 b 赋值给全局变量 n
    return a*b
s = func("knock~", 2)
print(s, n)        #测试一下 n 的值是否改变
```

运行结果为：

```
knock~knock~ 2
```

如果此时的全局变量不是整数 n，而是列表类型，会怎么样呢？示例代码如下：

```
ls = []                  #ls 是全局列表变量
def func(a, b):
    ls.append(b)         # 将局部变量 b 添加到全局列表变量 ls 中
    return a*b
s = func("knock~", 2)
print(s, ls)             # 测试一下 ls 的值是否改变
```

运行结果为：

```
knock~knock~ [2]
```

通过上面的示例可以看出，在 func()函数内部可以对全局列表变量 ls 直接进行修改。

如果 func()函数内部存在一个真实创建过且名称为 ls 的列表，则 func()函数会直接操作该列表，而不会去修改全局列表变量，示例代码如下：

```
ls = []                  #ls 是全局列表变量
def func(a, b):
    ls = []              #创建了名称为 ls 的局部列表变量
    ls.append(b)         #将局部变量 b 添加到全局列表变量 ls 中
    return a*b
s = func("knock~", 3)
print(s, ls)             #测试一下 ls 的值是否改变
```

运行结果为：

```
knock~knock~ []
```

通过上面的示例可以看出，Python 函数对变量的作用遵守以下原则。

- 简单数据类型变量无论是否与全局变量重名，仅在函数内部创建和使用，函数退出后变量会被释放。
- 简单数据类型变量在用 global 保留字声明后，可作为全局变量。
- 对于组合数据类型的全局变量，如果在函数内部没有被真实创建的同名变量，则函数内部可以直接使用并修改全局变量的值。
- 如果函数内部真实创建了组合数据类型变量，无论是否有同名全局变量，函数仅对局部变量进行操作。

6.3　代码的复用和模块化设计

函数是程序的一种基本抽象方式，它将一系列代码组织起来通过命名供其他程序使用。函数封装的直接好处是代码复用，任何其他代码只要输入参数即可调用函数，从而避免相同功能代码在被调用处重复编写。代码复用产生了另一个好处，当更新函数功能时，所有被调用处的功能都被更新。

当程序的长度在百行以上时，如果不划分模块就算是最优秀的程序员也很难理解程序的

含义，程序的可读性就会降低。解决这一问题的最好方法是将一个程序分割成短小的程序段，每一个程序段完成一个小的功能。无论是面向过程编程还是面向对象编程，对程序合理划分功能模块并基于模块设计程序是一种常用方法，被称为"模块化设计"。

模块化设计一般有以下两个基本要求。

- 紧耦合：尽可能合理划分功能块，功能块内部耦合紧密。
- 松耦合：模块之间的关系尽可能简单，功能块之间耦合度低。

使用函数只是模块化设计的必要非充分条件，根据计算需求合理划分函数十分重要。一般来说，完成特定功能或被经常复用的一组语句应该采用函数来封装，并尽可能减少函数之间参数和返回值的数量。

6.4 函数的递归

6.4.1 递归的定义

函数作为一种代码封装，可以被其他程序调用，当然，也可以被函数内部代码调用。这种函数定义中调用函数自身的方式称为递归。就像一个人站在装满镜子的房间里，看到的影像就是递归的结果。递归在数学和计算机应用上非常强大，能够简洁地解决重要问题。

数学上有个经典的递归示例叫作阶乘，阶乘通常定义为：

$$n! = n(n-1)(n-2) \tag{1}$$

这个关系给出了表达阶乘的方式：

$$n! = \begin{cases} 1 & n = 0 \\ n(n-1)! & \text{其他} \end{cases}$$

阶乘的示例揭示了递归的两个关键特征。

- 存在一个或多个基例，基例不需要再次递归，它是确定的表达式。
- 所有递归链要以一个或多个基例结尾。

6.4.2 递归的使用方法

以阶乘的计算为例，根据用户输入的非负整数 n，计算并输出 n 的阶乘值，代码如下：

```
def fact(n):
    if n == 0:
        return 1
    else:
        return n * fact(n-1)


num = int(input("请输入一个非负的整数："))
print(fact(num))
```

当 n=5 时函数的递归调用如图 6.1 所示。

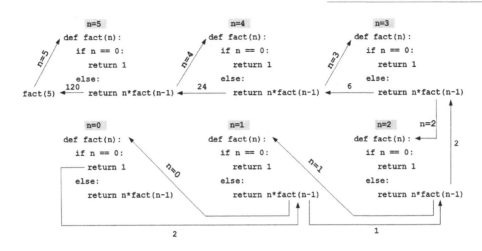

图 6.1　当 n=5 时函数的递归调用

再比如说，字符串反转，对于用户输入的字符串 s，输出反转后的字符串。解决这个问题的基本思路是把字符串看作一个递归对象，代码如下：

```
def reverse(s):
    if len(s) < 1:
        return s
    return reverse(s[1:]) + s[0]

print(reverse("ABCDE"))
```

观察这个函数的工作过程。s[0]是首字符，s[1:]是剩余字符串，将它们反向连接，可以得到反转字符串。执行这个程序的结果为：

```
EDCBA
```

6.5　Python 内置函数

6.5.1　Python 内置函数简介

Python 解释器提供了 68 个内置函数，如表 6-1 所示。

表 6-1　Python 内置函数

abs()	enumerate()	issubclass()	range()
all()	eval()	iter()	repr()
any()	exec()	len()	reversed()
ascii()	filter()	list()	round()
bin()	float()	locals()	set()
bool()	format()	map()	setattr()
bytearray()	frozenset()	max()	slice()

续表

bytes()	getattr()	memoryview()	sorted()
callable()	globals()	min()	staticmethod()
chr()	hasattr()	next()	str()
classmethod()	hash()	object()	sum()
compile()	help()	oct()	super()
complex()	hex()	open()	tuple()
delattr()	id()	ord()	type()
dict()	input()	pow()	vars()
dir()	int()	print()	zip()
divmod()	isinstance()	property()	__import__()

6.5.2　Python 部分内置函数详解

1．abs()函数

abs()函数用于返回数字的绝对值，如果参数是一个复数，则返回它的模。示例代码如下：

```
abs(-10)        # 10
abs(3 + 4j)     # 5.0
```

2．all()函数

all()函数接受一个迭代器，如果迭代器的所有元素都为真，则返回 True，否则返回 False。另外，如果迭代器内无元素，则返回 True。示例代码如下：

```
list1 = ['python', 123]
print(all(list1))   # True

list2 = [0]
print(all(list2))   # False

list3 = []
print(all(list3))   # True

list4 = [None]
print(all(list4))   # False
```

3．any()函数

any()函数接受一个迭代器，如果迭代器里有一个元素为真，则返回 True，否则返回 False。另外，如果迭代器内无元素，则返回 False。示例代码如下：

```
list1 = ['python', 123]
print(any(list1))  # True

list2 = [0, 1]
print(any(list2))  # True
```

```
list3 = []
print(any(list3))  # False

list4 = [None]
print(any(list4))  # False
```

4．ascii()函数

ascii()函数用于返回一个表示对象的字符串，但是对于字符串中的非 ASCII 字符则返回通过 repr()函数使用 \x、\u 或 \U 编码的字符。示例代码如下：

```
print(ascii(1))          # 1
print(ascii("AB"))       # 'AB'
print(ascii("中国"))      # '\u4e2d\u56fd'
```

5．bin()函数、oct()函数、hex()函数

bin()函数、oct()函数、hex()函数分别用于返回一个整数（int）的二进制、八进制、十六进制表示。示例代码如下：

```
print(bin(100))          # 0b1100100
print(oct(100))          # 0o144
print(hex(100))          # 0x64
```

6．bool()函数

bool()函数用于将给定参数转换为布尔类型（bool），如果没有参数，则返回 False。bool 是 int 的子类。示例代码如下：

```
print(bool(0))               # False
print(bool(1))               # True
print(bool('A'))             # True
print(bool([]))              # False
print(bool([0]))             # True
print(bool(None))            # False
print(bool([None]))          # True
print(issubclass(bool, int)) # True，bool 是 int 的子类
```

7．bytearray()函数

bytearray()函数用于将一个字符串转换为字节类型的列表，这个列表里的元素是可变的，并且每个元素的值范围为 $0 \leqslant x < 256$。示例代码如下：

```
print(bytearray("Hello", encoding='utf-8'))
# bytearray(b'Hello')

print(bytearray("中国", encoding='utf-8'))
# bytearray(b'\xe4\xb8\xad\xe5\x9b\xbd')
```

8．bytes()函数

bytes()函数用于返回一个新的 bytes 对象，该对象是一个 $0 \leqslant x < 256$ 范围内的整数

不可变序列。它是 bytearray()函数的不可变版本。示例代码如下：

```
print(bytes("Hello", encoding='utf-8'))    # b'Hello'
print(bytes("中国", encoding='utf8'))       # b'\xe4\xb8\xad\xe5\x9b\xbd'
```

9．callable()函数

callable()函数用于检查一个对象是否是可调用的。如果返回 True，则不能保证 object 调用成功；如果返回 False，则调用对象 ojbect 会失败。示例代码如下：

```
def add(a, b):
    return a + b


print(callable(add))    # True
```

10．chr()函数、ord()函数

chr()函数用于查看十进制数对应的单个字符，ord()函数用于查看单个字符对应的十进制数。需要注意的是，传入多个字符系统会报错。示例代码如下：

```
print(chr(65))        # A
print(chr(20013))     # 中
print(ord('A'))       # 65
print(ord('中'))      # 20013
```

11．complie()函数

complie()函数可以将字符串编译成 Python 能识别或可以执行的代码，也可以将文字转换为字符串再编译。语法格式如下：

```
compile(source, filename, mode[, flags[, dont_inherit]])
```

参数说明如下。

source：字符串或 AST（Abstract Syntax Trees）对象。

filename：代码文件名称，如果不是从文件读取代码，则传递一些可辨认的值。

mode：指定编译代码的种类。可以指定为 exec、eval、single。

flags：变量作用域，局部命名空间。

dont_inherit：用于控制编译源码时的标志。

示例代码如下：

```
s   =   "print('helloworld')"
r= compile(s, "<string>", "exec")
exec(r)           # helloworld


t="3 * 4 + 5"
a = compile(t,"expression","eval")
print(eval(a))    # 17
```

12．complex()函数

complex()函数用于创建一个值为 $x + y×j$ 的复数或转化一个字符串或数字为复数。如果

第 1 个参数为字符串，则不需要指定第 2 个参数。示例代码如下：

```
print(complex(1, 2))        # (1+2j)
print(complex(1))           # (1+0j)
print(complex("1"))         # (1+0j)
print(complex("1+2j"))      # (1+2j)
```

注意： 传入复数字符串时，在加号"+"两边不能有空格，否则系统会报错。

13．dict()函数

dict()函数用于创建一个字典。示例代码如下：

```
d1 = dict()         # 创建空字典
d2 = dict(a='a', b='b', t='t') # d2 为 {'a': 'a', 'b': 'b', 't': 't'}

d3 = dict([('one', 1), ('two', 2), ('three', 3)])
# d3 为{'one': 1, 'two': 2, 'three': 3}

d4 = dict(zip(['one', 'two', 'three'], [1, 2, 3]))
# d4 为 {'one': 1, 'two': 2, 'three': 3}

print(d1, d2, d3, d4, sep="\n")
```

14．dir()函数

如果调用不带参数的 dir()函数，则返回当前范围内的变量和方法列表；如果调用带参数的 dir()函数，则返回参数的属性和方法列表。如果参数包含__dir__()方法，该方法将被调用。如果参数不包含__dir__()方法，则该方法将最大限度地收集参数信息。示例代码如下：

```
# dir()
print(dir())

def add(a, b):
    return a + b
print(dir(add))
```

运行结果为（受前面运行代码的影响，结果可能与下面不一致，省略部分结果）：

```
['In', 'Out', …,'quit', 'r', 's', 't', 'vfunc']
['__annotations__', …,  '__sizeof__','__str__','__subclasshook__']
```

15．divmod()函数

divmod()函数用于把除数和余数运算结果结合起来，返回一个包含商和余数的元组(a // b, a % b)。示例代码如下：

```
print(divmod(7, 2))         # (3, 1)
print(divmod(8, 2))         # (4, 0)
```

16．enumerate()函数

enumerate()函数用于返回一个可以遍历的对象，使用 for 循环语句可以遍历该对象的所

有元素。示例代码如下：

```
test = ['a', 'b', 'c']
for k,v in enumerate(test):
    print(k,v)
```

运行结果为：

```
0 a
1 b
2 c
```

17. eval()函数

eval()函数用于将字符串当成有效的表达式来求值并返回计算结果。示例代码如下：

```
s = "1 + 2*3"
print(type(s))      # <class 'str'>
print(eval(s))      # 7
```

18. exec()函数

exec()函数用于执行字符串或 complie()函数编译过的字符串，无返回值。示例代码见complie()函数。

19. filter()函数

filter()函数用于过滤序列，过滤不符合条件的元素，返回一个迭代器对象。如果要转换为列表，则可以使用 list()函数来转换。该函数接收两个参数，第 1 个参数为函数，第 2 个参数为序列，序列的每个元素作为参数传递给函数进行判断，然后返回 True 或 False，最后将返回 True 的元素存储到新列表中。示例代码如下：

```
def bigerthan3(x):
    return x > 3
filter_list = filter(bigerthan3, [3, 4, 5, 6])
print(list(filter_list)) # [4, 5, 6]
```

注意：filter()函数返回的是一个迭代器对象，迭代器对象可以直接使用 for 循环语句进行遍历。如果需要输出列表，则使用 list()函数将迭代器对象转化为列表。

20. float()函数

float()函数用于将一个字符串或整数转换为浮点数。如果参数为字符串，则字符串的内容只能为十进制数。示例代码如下：

```
print(float())          # 0.0
print(float(123))       # 123.0
print(float(0x1f))      # 31.0
print(float("123.4"))   # 123.4
```

21. format()函数

format()函数用于格式化字符串。示例代码如下：

```
template = "My name is {}. I love sutdy {}"
```

```
s = template.format("Tom","Python")
print(s)
```

22．frozenset()函数

frozenset()函数用于返回一个冻结的集合，冻结后集合不能再添加或删除任何元素。示例代码如下：

```
a = frozenset(range(10))        # 生成一个新的不可变集合
print(type(a))                  # <class 'frozenset'>
print(a)                        # frozenset({0, 1, 2, 3, 4, 5, 6, 7, 8, 9})

b = frozenset('helloworld')
print(b)                        # frozenset({'d', 'o', 'r', 'h', 'l', 'e', 'w'})
```

23．globals()函数

globals()函数用于返回一个描述当前全局变量的字典。示例代码如下：

```
a = 1
def test():
    b = 1

print(globals())
```

运行结果为（省略部分结果）：

```
{'__name__': '__main__', …, 'a': 1, 'test': <function test at 0x000001AC1C5B6510>}
```

24．hash()函数

hash()函数用于获取一个对象（字符串或数值等）的哈希值。不管对象字符有多长，返回的 hash 值都是固定长度，不管传入的参数差别多么小，返回的 hash 值差别都会很大。示例代码如下：

```
print(hash("python2"))# −5441634650418433581
print(hash("python3"))# 7027832684522251863
```

25．help()函数

help()函数用于查看函数或模块用途的详细说明。示例代码如下：

```
help(hash)
```

运行结果为：

```
Help on built-in function hash in module builtins:

hash(obj, /)
Return the hash value for the given object.

    Two objects that compare equal must also have the same hash value, but the
    reverse is not necessarily true.
```

26．id()函数

id()函数用于返回对象的内存地址。示例代码如下：

```
print(id("python"))        # 1838685054992
```

27．input()函数、print()函数

input()函数用于获取用户的输入内容，print()函数用于向屏幕输出内容。示例代码如下：

```
num = input("请输入一个数字：")      # 双引号中的内容为提示字符串，输入 3
print(type(num))                      # <class 'str'>，获取值默认为字符串
print(num)                            # 3
```

28．int()函数

int()函数用于将一个字符串或数字转换为整型，当需要转换的对象为字符串时，使用 base 参数指明是几进制。示例代码如下：

```
print(int())              # 当不传入参数时默认值为 0
print(int(3.6))           # 3，直接丢弃小数部分
print(int("0x1f", base=16)) # 31
```

29．isinstance()函数

isinstance()函数用于判断一个对象是否是已知的类型，返回 True 或 False。需要注意的是，isinstance()函数会认为子类是一种父类类型，会考虑继承关系。语法格式为：

```
isinstance(obj, cls)       # 检查 obj 是否是 cls 类的对象
```

示例代码如下：

```
class Foo(object):
    pass
obj = Foo()
print(isinstance(obj, Foo))    # True
```

30．iter()函数

iter()函数用于生成一个迭代器对象。示例代码如下：

```
alist = [1, 2, 3]
for i in iter(alist):
    print(i)
```

运行结果为：

```
1
2
3
```

31．len()函数

len()函数用于返回可迭代对象（字符、列表、元组等）长度或项目个数。示例代码如下：

```
print(len("helloworld"))    # 10
print(len([1, 2, 3]))       # 3
```

32．list()函数

list()函数用于将可迭代对象（元组、字符串、字典等）转换为列表。需要注意的是，元组与列表非常类似，区别在于元组的元素值不能被修改。示例代码如下：

```
m = {"a":"A", "b":"B"}
print(list(m))          # ['a', 'b']

atuple = (1, 2, "Python")
print(list(atuple))     # [1, 2, 'Python']

astring = "hello"
print(list(astring))    # ['h', 'e', 'l', 'l', 'o']
```

33．locals()函数

locals()函数用于以字典类型返回当前位置的全部局部变量。示例代码如下：

```
print(locals())
```

34．map()函数

map()函数根据提供的函数对指定序列进行映射。示例代码如下：

```
def square(x) :                 # 计算平方数
    return x**2

m = map(square, [1,2,3,4,5])    # 计算列表各个元素的平方
print(list(m))
```

35．max()函数、min()函数

max()函数用于返回给定参数的最大值，min()函数用于返回给定参数的最小值，参数可以为序列。示例代码如下：

```
print(max(1, 2, 3, 4))      # 4
print(min([1, 2, 3, 4]))    # 1
```

36．next()函数

next()函数返回一个可迭代数据结构中的下一项。示例代码如下：

```
it = iter([1, 2, 3, 4, 5])      # 获取一个可迭代对象
x = next(it)
print(x)                        # 1
```

37．object()函数

object()函数不接收任何参数，用于获取一个新的、无特性的对象。object 类是所有类的基类。示例代码如下：

```
obj = object()
print(type(obj))  # <class 'object'>
print(obj)                      # <object object at 0x000001CC0AC918A0>
```

38．open()函数

open()函数用于打开一个文件，并返回文件对象，在对文件进行处理的过程中都要使用到这个函数，如果该文件无法被打开，则会抛出 OSError 异常。调用格式如下：

```
open(file, mode='r', encoding=None)
```

其中，file 为文件名，mode 为打开模式（"r"表示读文本文件，"w"表示写文本文件，"a"表示在文本文件中追加内容；当 file 为二进制文件时，只需要在模式值前面加上"b"），encoding 用于指定编码方式，一般为 utf-8。

假设在 D 盘根目录下有一个文本文件 test.txt，内容为：

```
Hello Python
```

示例代码如下：

```
f = open("D:/test.txt")
s = f.read()
print(s)            # Hello Python
```

39．pow()函数

pow()函数用于返回 x^y 的值。需要注意的是，math 模块中的 pow()函数会先把参数转换为 float 类型再进行调用。示例代码如下：

```
import math    # 导入 math 模块

# 内置的 pow()函数与 math 模块的 pow()函数的区别
print("math.pow(100, 2):", math.pow(100, 2))
print("pow(100, 2):", pow(100, 2))
print("math.pow(100, -2):", math.pow(100, -2))
print("math.pow(100, -2):", math.pow(100, -2))
```

输出结果如下：

```
math.pow(100, 2): 10000.0
pow(100, 2): 10000
math.pow(100, -2): 0.0001
math.pow(100, -2): 0.0001
```

40．range()函数

range()函数会根据需要生成指定范围的数字，返回的是可迭代对象（而不是列表类型），可以使用 for 循环语句进行遍历。直接使用 print()函数不会打印列表，可以先利用 list()函数转换为列表再打印输出。语法格式如下：

```
range(stop)        # 等价于 range(0, stop)
range(start, stop[, step])
```

参数说明如下。

- start：计数从 start 开始。默认从 0 开始。例如，range(5)等价于 range(0,5)。
- stop：计数到 stop 结束，但不包括 stop。例如，range(0,5)等价于[0, 1, 2, 3, 4]。

- step：步长，只能为整数，默认值为 1。例如，range(0, 5)等价于 range(0, 5, 1)。

示例代码如下：

```
list1 =range(5)
list2 = range(0, 10, 2)
print(list(list1))   # [0, 1, 2, 3, 4]
print(list(list2))   # [0, 2, 4, 6, 8]
```

41．repr()函数

repr()函数用于将任意值转化为字符串，与 str()函数的作用类似。示例代码如下：

```
s1 = repr(1)
s2 = str(1)
print(type(s1), s1)      # <class 'str'> 1
print(type(s2), s2)      # <class 'str'> 1

s3 = repr([1, 2, 3])
s4 = str([1, 2, 3])
print(type(s3), s3)      # <class 'str'> [1, 2, 3]
print(type(s4), s4)      # <class 'str'> [1, 2, 3]
```

42．reversed()函数

reversed()函数用于返回一个反转的迭代器对象，接收的参数可以是 tuple、string、list 或 range。示例代码如下：

```
alist=[1, 2, 3]
print(list(reversed(alist)))     # [3, 2, 1]

astring = "Python"
print(list(reversed(astring))) # ['n', 'o', 'h', 't', 'y', 'P']
```

43．round()函数

round()函数用于返回浮点数 x 的四舍五入值。语法格式如下：

```
round(x[, n])
```

其中，x 为数字表达式，n 表示要保留的小数点位数，默认值为 0。示例代码如下：

```
print("round(70.23456):", round(70.23456))
print("round(80.264, 2):", round(80.264, 2))
print("round(801, -2):", round(801, -2))     # 也可以对整数位进行四舍五入
```

运行结果为：

```
round(70.23456): 70
round(80.264, 2): 80.26
round(801, -2): 800
```

44．set()函数

set()函数用于创建一个无序不重复元素集，可以进行关系测试，删除重复数据，还可以

计算交集、差集、并集等。示例代码如下：

```
alist=[1, 2, 3, 2, 1]
print(set(alist))          #返回 {1, 2, 3}
astring = "hellopython"
print(set(astring))        # 返回 {'t', 'e', 'n', 'y', 'l', 'o', 'h', 'p'}
```

45．slice()函数

slice()函数实现切片对象，主要用于在切片操作函数里进行参数传递。示例代码如下：

```
myslice = slice(5)         # 设置截取 5 个元素的切片
print(myslice)


arr = range(10)
arr2 = arr[myslice]
print(list(arr2))          # 截取 5 个元素


list1 = [0, 1, 2, 3, 4, 5, 6, 7, 8]
list2 = list1[myslice]
print(list(list2))         # 截取 5 个元素
```

运行结果为：

```
slice(None, 5, None)
[0, 1, 2, 3, 4]
[0, 1, 2, 3, 4]
```

46．sorted()函数

sorted()函数用于对所有可迭代对象进行排序操作，返回重新排序的列表。语法格式如下：

```
sorted(iterable, key=None, reverse=False)
```

参数说明如下。

- iterable：可迭代对象。
- key：主要用于进行比较的元素，只有一个参数，该参数取自于可迭代对象中，指定可迭代对象中的一个元素来进行排序。
- reverse：排序规则，当 reverse＝True 时进行降序，当 reverse＝False 时进行升序（默认）。

示例代码如下：

```
print(sorted([5, 2, 3, 1, 4]))   # [1, 2, 3, 4, 5]
print(sorted((5, 2, 3, 1, 4)))   # [1, 2, 3, 4, 5]，传入的是元组
```

47．str()函数

str()函数用于将对象转化为字符串的形式。示例代码如下：

```
alist = [1, 2, 3, 4, 5]
print(list(alist))  # [1, 2, 3, 4, 5]
```

48．sum()函数

sum()函数用于对可迭代对象（列表、元组、集合等）进行求和计算，返回计算结果。示

例代码如下:

```
print(sum([1, 2, 3]))    # 6
print(sum((4, 5, 6)))    # 15
```

49. super()函数

super()函数用于调用父类（超类）的一个方法。示例代码如下:

```
class A:
    def add(self, x):
        y = x+1
        print(y)

class B(A):
    def add(self, x):
        super().add(x)     # 调用父类 A 的 add()方法

b = B()
b.add(2)  # 3
```

50. tuple()函数

tuple()函数用于将列表转换为元组。示例代码如下:

```
alist = ["Google", "Taobao", "Runoob", "Baidu"]
print(tuple(alist))          # ('Google', 'Taobao', 'Runoob', 'Baidu')
```

51. type()函数

type()函数返回对象的类型。示例代码如下:

```
print(type(1))            # 返回 <class 'int'>
print(type("Python"))     # 返回 <class 'str'>
```

52. vars()函数

vars()函数用于返回对象的属性和属性值的字典对象。示例代码如下:

```
class A:
    a = 1
print(vars(A))
```

运行结果为:

```
{'__module__': '__main__', 'a': 1, '__dict__': <attribute '__dict__' of 'A' objects>, '__weakref__':
<attribute '__weakref__' of 'A' objects>, '__doc__': None}
```

53. zip()函数

zip()函数用于将可迭代对象作为参数，将可迭代对象中对应的元素打包成元组，然后返回由这些元组组成的对象，可以使用 list()函数转换来输出列表。示例代码如下:

```
a = [1,2,3]
b = [4,5,6]
```

```
c = [4,5,6,7,8]
d1 = zip(a,b)        # 打包成元组的列表
print(list(d1))

d2 = zip(a, c)
# 与 zip()相反，zip(*)可以理解为解包，为 zip()的逆过程
x1, x2 = zip(*d2)
print(x1, x2)
```

注意：使用 zip()函数进行解包前，不能迭代需要解包的对象，否则会出错。将 zip 对象转为 list 列表的过程中会迭代对象，所以这里对 d2 进行解包（对 d1 进行解包会报错）。

6.6　模块

6.6.1　模块简介

我们在前文介绍了一个第三方库，库就是模块，模块是一个包含函数和变量的文件，其后缀名是".py"。模块可以被其他程序引入，以便使用该模块中的函数等。这也是使用 Python 标准库的方法。

如果想要实现与时间有关的功能，就需要调用系统的 time 模块。如果想要实现与文件和文件夹有关的操作，就需要调系统的 os 模块。例如，我们通过 Selenium 实现的 Web 自动化测试，Selenium 对于 Python 来说就是一个第三方扩展模块。

每一个 Python 脚本文件都可以被当成一个模块。模块以磁盘文件的形式存在。当一个模块变得过大，并且驱动了太多功能时，就应该考虑拆分一些代码出来另外构建一个模块。模块里的代码可以是一段直接执行的脚本，也可以是一堆类似库函数的代码，从而可以被其他模块导入（import）和调用。模块可以包含直接运行的代码块、类定义、函数定义或这几者的组合。

6.6.2　import 语句

推荐所有的模块在 Python 模块的开头部分导入，建议按照如下顺序导入模块。

（1）Python 标准库模块。

（2）Python 第三方模块。

（3）应用程序自定义模块。

在 Python 中用关键字 import 来导入某个模块，如要导入模块 time，就可以在文件最开始的地方使用 import time 来导入。

导入多个模块可以分多行书写：

```
import module1
import module2
```

也可以在一行内导入多个模块，模块之间使用逗号分隔：

```
import module1, module2, module3
```

在调用模块中的函数时，必须加上模块名调用，因为可能存在多个模块中含有相同名称的函数。此时，如果只通过函数名来调用模块中的函数，解释器无法知道到底要调用哪个函数。为了避免出现这样的情况，在调用模块中的函数时，必须加上模块名，语法格式如下：

```
<模块名>.<函数名>
```

想要调用 time 模块中的 sleep()函数，示例代码如下：

```
import time
# print(sleep(2))          # 这样会报错
print(time.sleep(2))       # 这样才能正确输出结果
```

6.6.3　from … import 语句

from … import 语句可以让用户从模块中导入一个指定的部分到当前命名空间中，语法格式如下：

```
from modname import name1[, name2[, ... nameN]]
```

想要导入 time 模块中的 sleep()函数，示例代码如下：

```
from time import sleep
```

这样，用户在调用 sleep()函数时便可以不用加上模块名。
导入一个模块的所有内容也可以使用 from … import *：

```
from modname import *
```

这会将该模块下的所有内容都导入当前命名空间中，不过在一般情况下慎用此方法。

6.6.4　扩展 import 语句

有时用户导入的模块名称已经在程序中使用了，或者用户不想使用现有的名称，可以使用扩展 import 语句来用一个新的名称替换原始的名称。语法格式如下：

```
import oldmodname as newmodname
```

想要导入 pandas 模块并重命名为 pd，示例代码如下：

```
import pandas as pd
```

这样，在调用函数时只需使用别名即可。

6.6.5　自定义模块的调用

既然用户可以调用系统模块，那么也可以自己创建一个模块，然后通过另一个程序调用。对于一个软件项目来说不可能把所有代码都放在一个文件中实现，它们一般会按照一定规则放在不同的目录和文件中实现。

如果调用文件与被调用文件在同一个目录下，则用户可以非常方便地调用。如果调用文件与被调用文件不在同一目录下呢？当项目变得复杂之后，需要涉及多个文件跨目录之间的调用，又该怎么办呢？

```
# 同目录调用
project/
├── pub.py
└── count.py


# 单文件跨目录调用
project/
├── model/
│   └── pub.py
└── count.py


# 多文件跨目录调用
project/
├── model/
│   ├── count.py
│   └── new_count.py
└── test.py
```

这时，用户可以利用 sys.path.append()函数来将当前路径加入 sys.path 变量中，如图 6.2 所示。

图 6.2 sys.path.append()函数实现跨目录调用

当用户导入一个模块后，Python 解释器对模块位置的搜索顺序如下。

（1）当前目录。

（2）如果不在当前目录，则 Python 解释器会搜索环境变量 PYTHONPATH 下的每个目录。

（3）如果都找不到，Python 会查看默认路径：Windows 系统下为用户安装 Python 设定的路径；如果 Linux 系统、macOS 系统已经安装了 Python，则默认路径为"/user/local/lib/python[版本号]"。

模块搜索路径存储在 system 模块的 sys.path 变量中。变量里包含当前目录、环境变量 PYTHONPATH 和由安装过程决定的默认目录（sys 模块用于提供对 Python 解释器的相关操作）。

6.6.6 标准模块

Python 本身带有一些标准的模块库，有些模块直接被构建在解释器里，这些虽然不是一些语言内置的功能，却能被很高效地使用，甚至是系统级调用。这些组件会根据不同的操作系统进行不同形式的配置，如 winreg（Windows 注册表访问）模块就只会提供给 Windows 系统。

6.6.7 包

包是一种管理 Python 模块命名空间的形式。例如，一个模块的名称为 A.B，它表示包 A 中的模块 B，当导入模块 B 时需要指定全名称，如"import A.B"，后续在使用模块 B 时只需写出模块名 B，不用写出包名。

目录中只有包含一个叫作 __init__.py 的文件才会被认为是一个包。在导入包时，Python 会从 sys.path 中的目录来寻找这个包中包含的子目录。

__init__.py 文件控制着包的导入行为。最简单的情况是创建一个空的 __init__.py 文件，当然，在这个文件中也可以包含一些初始化代码或为 __all__ 列表变量赋值。如果包定义文件 __init__.py 存在一个叫作 __all__ 的列表变量，那么在使用 from packagename import * 时就可以把这个列表中的所有名字作为包内容导入。

例如，test 包的文件结构如下，现在只想导入 test1.py 文件和 test2.py 文件：

```
test/
├── __init__.py
├── test1.py
├── test2.py
└── test3.py
```

各文件内容分别如下：

```
# __init__ 文件
__all__ =["test1","test2"]

# test1.py 文件
a = 1

# test2.py 文件
b = 2

# test3.py 文件
c = 3
```

现在，在 test 包外新建一个 run.py 文件，内容如下：

```
from test import *

print(test1.a)
print(test2.b)
print(test3.c)
```

运行 run.py 文件，a 和 b 都能正常显示。但是，当运行到"print(test3.c)"时就会报错，显示 test3 未定义，说明只导入了 test1 和 test2。

6.7 datetime 库的使用

在 Python 中，处理日期时间的常用库有两种，分别是 time 和 datetime。其中，datetime 是对 time 库的封装，所以使用起来更加便捷。

6.7.1 datetime 库简介

以不同格式显示日期和时间是程序中最常用到的功能，Python 提供了一个处理时间的标准函数库 datetime，它提供了一系列由简单到复杂的时间处理方法。

datetime 库可以从系统中获得时间，并以用户选择的格式输出。datetime 库以类的方式提供了多种日期和时间表达方式，如表 6-2 所示。

表 6-2 datetime 库以类的方式提供了多种日期和时间的表达方式

datetime 库中的类	说　明
datetime.date	日期表示类，可以表示年、月、日等
datetime.time	时间表示类，可以表示小时、分钟、秒、毫秒等
datetime.datetime	日期和时间表示的类，功能覆盖 date 和 time 类
datetime.timedelta	与时间间隔有关的类
datetime.tzinfo	与时区有关的信息表示类

6.7.2 datetime 库解析

1. datetime.now()函数

使用 datetime.now()函数获得当前日期和时间对象，语法格式如下：

```
datetime.now()
```

作用：返回一个 datetime 类型，表示当前的日期和时间，精确到微秒。
示例代码如下：

```
from datetime import datetime
today = datetime.now()
print(type(today), today)
```

运行结果为：

```
<class 'datetime.datetime'> 2020-06-22 18:20:17.165251
```

2. datetime.utcnow()函数

使用 datetime.utcnow()函数获得当前日期和时间对应的 UTC（世界标准时间）时间对象，语法格式如下：

```
datetime.utcnow()
```

作用：返回 datetime 类型，表示当前日期和时间的 UTC 表示，精确到微秒。

示例代码如下：

```
from datetime import datetime
utc_today = datetime.utcnow()
print(type(utc_today), utc_today)
```

运行结果为：

```
<class 'datetime.datetime'> 2020-06-22 10:20:58.843055
```

3．datetime()函数

datetime.now()函数和 datetime.utcnow()函数都返回一个 datetime 类型的对象，用户也可以直接使用 datetime()函数构造一个日期和时间对象，语法格式如下：

```
datetime(year,month,day,hour=0,minute=0,second=0,microsecond=0)
```

作用：返回一个 datetime 类型，表示指定的日期和时间，精确到微秒。

调用 datetime()函数会根据传入的参数直接创建一个 datetime 对象，示例代码如下：

```
someday = datetime(2018, 12, 1, 10, 30, 32, 7)
print(type(someday), someday)
```

运行结果为：

```
<class 'datetime.datetime'> 2018-12-01 10:30:32.000007
```

4．datetime 对象的属性与方法

程序已经有了一个 datetime 对象，用户可以利用这个对象的属性显示时间，为了区别 datetime 库名，采用上面示例中的 someday 代替生成的 datetime 对象。datetime 对象显示时间的属性如表 6-3 所示。

表 6-3　datetime 对象显示时间的属性

属　　性	说　　明
someday.min	固定返回 datetime 的最小时间对象，datetime(1,1,1,0,0)
someday.max	固定返回 datetime 的最大时间对象，datetime(9999,12,31,23,59,59,999999)
someday.year	返回 someday 包含的年份
someday.month	返回 someday 包含的月份
someday.day	返回 someday 包含的日期
someday.hour	返回 someday 包含的小时
someday.minute	返回 someday 包含的分钟
someday.second	返回 someday 包含的秒钟
someday.microsecond	返回 someday 包含的微秒值

datetime 对象有 3 个常用的时间格式化方法，如表 6-4 所示。

表 6-4　datetime 对象常用的时间格式化方法

方　　法	说　　明
someday.isoformat()	采用 ISO 8601 标准显示时间
someday.isoweekday()	根据日期计算星期后返回 1～7，对应星期一到星期日
someday.strftime(format)	根据格式化字符串 format 进行格式显示的方法

someday.isoformat()方法和 someday.isoweekday()方法的示例代码如下：

```
someday = datetime(2018, 12, 1, 10, 30, 32, 7)
print(someday.isoformat())
print(someday.isoweekday())
```

运行结果为：

```
2018-12-01T10:30:32.000007
6
```

someday.strftime()方法是时间格式化最有效的方法，几乎可以以任何格式输出时间。示例代码如下：

```
someday = datetime(2018, 12, 1, 10, 30, 32, 7)
print(someday.strftime("%Y-%m-%d %H:%M:%S"))
```

运行结果为：

```
2018-12-01 10:30:32
```

格式化字符串如表 6-5 所示。

表 6-5 格式化字符串

格式化字符串	日期/时间	值范围和示例
%Y	年份	0001～9999，例如，1900
%m	月份	01～12，例如，10
%B	月名	January～December，例如，April
%b	月名缩写	Jan～Dec，例如，Apr
%d	日期	01～31，例如，25
%A	星期	Monday～Sunday，例如，Wednesday
%a	星期缩写	Mon～Sun，例如，Wed
%H	小时（24h 制）	00～23，例如，12
%I	小时（12h 制）	01～12，例如，07
%p	上/下午	AM，PM，例如，PM
%M	分钟	00～59，例如，26
%S	秒	00～59，例如，26

someday.strftime()格式化字符串的数字左侧会自动补零，如果不想补零，则可以在"%"后面添加减号"–"，如"%-1"。上述格式也可以与模板字符串的 someday.format()格式化函数一起使用，示例代码如下：

```
from datetime import datetime
now = datetime.now()
print(now.strftime("%Y-%m-%d"))
print("今天是{0:%Y}年{0:%-m}月{0:%-d}日".format(now))
```

运行结果为：

```
2020-06-22
今天是 2020 年 6 月 22 日
```

6.8 习题

1．在 Python 中导入模块有几种方式？

2．输入 1 个列表，将这个列表降序排列，并打印出来。

3．编写程序，生成包含 100 个 0 到 10 之间的随机整数（随机整数可以重复），并统计每个元素的出现次数。

4．格式化输出当前时间，暂停两秒，再输出当前时间。

5．编写程序，计算区间[i, j]内（包含端点值）所有整数的和。

6．编写程序，计算三门课程的总分和平均分。

7．输出斐波那契数列的第 n 项。斐波那契数列指的是这样一个数列，即 1、1、2、3、5、8、13、21、34…，第一项和第二项为 1，从第三项开始，每一项都是前两项之和。需要注意的是，要使用递归函数编写程序。

8．利用递归函数的方法求 n!（n 的阶乘）。

9．编写程序，可以接收任意多个整数并输出其中的最大值和所有整数之和。

第 7 章　面向对象编程

7.1　面向对象编程概述

面向过程是以事件为中心，即分析出解决问题所需的步骤，然后根据业务逻辑使用函数把这些步骤实现，并且按照顺序调用。其核心思想是模块化、函数化。例如，学生上课、学生做作业。学生上课和学生做作业是两个不同的事件，针对这两个事件，形成两个函数，并依次调用。

面向对象编程（Object Oriented Programming，OOP）是一种程序设计思想。OOP 把对象作为程序的基本单元，对面向对象来说，关心的是学生这类对象，这两个事件只是这类对象的行为，对于事件的顺序没有要求。一个对象包含了数据和操作数据的函数。面向对象的三大特征是封装、继承和多态。

面向过程的程序设计把计算机程序视为一系列的命令集合，即一组函数的顺序执行。为了简化程序设计，面向过程把函数继续切分为子函数，即把大块函数通过切割成小块函数来降低程序的复杂度。

面向对象关注的是软件系统有哪些参与者（即对象），找出对象之后，分析这些对象有哪些特征、哪些行为，以及对象之间的关系，面向对象的开发核心是对象。面向对象的程序设计把计算机程序视为一组对象的集合，而每个对象都可以接收其他对象发过来的消息，并处理这些消息，计算机程序的执行就是一系列消息在各个对象之间传递。

在 Python 中，所有数据类型都可以视为对象，用户也可以自定义对象。自定义对象数据类型就是面向对象中的类（Class）的概念。

下面通过示例来说明面向过程和面向对象在程序流程上的差异。假设我们要处理学生的成绩表，为了表示一个学生的成绩，面向过程的程序可以用一个字典表示，示例代码如下：

```
std1 = { 'name': 'Alice', 'score': 98 }
std2 = { 'name': 'Bob', 'score': 81 }
```

而处理学生成绩可以通过函数实现，如打印学生的成绩，示例代码如下：

```
def print_score(std):
    print('%s: %s' % (std['name'], std['score']))
```

如果采用面向对象的程序设计思想，我们首先思考的不是程序的执行流程，而是 Student 这种数据类型应该被视为一个对象，这个对象具有 name 和 score 两个属性。如果要打印一个学生的成绩，首先必须创建这个学生对应的对象，然后，给对象发送一个 print_score 消息，让对象自己把数据打印出来，示例代码如下：

```
class Student(object):
    def __init__(self, name, score):
        self.name = name
        self.score = score

    def print_score(self):
        print('%s: %s' % (self.name, self.score))
```

给对象发送消息实际上就是调用对象对应的关联函数，我们称为对象的方法（Method），示例代码如下：

```
bob = Student('bob', 89)
alice= Student('alice', 97)
bob.print_score()
alice.print_score()
```

面向对象的设计思想是抽象出类，根据类创建实例。面向对象的抽象程度又比函数要高，因为一个类既包含数据，又包含操作数据的方法。

万物皆对象，对象拥有自己的特征和行为。类用于描述具有相同属性和方法的对象的集合，它定义了该集合中每个对象所共有的属性和方法。类是抽象的，我们在使用时通常会找到这个类的一个具体存在，即对象。类是对象的类型，对象是类的实例。类是抽象的概念，而对象是一个你能够摸得着，看得到的实体。两者相辅相成，谁也离不开谁。类就是一个模板，模板可以包含多个函数，函数可以实现一些功能。对象则是根据模板创建的实例，通过实例对象可以执行类中的函数。

类由以下 3 部分构成。

- 类的名称：类型名（类名的第一个字母大写）。
- 类的属性：对象的属性（一组数据/变量）。
- 类的方法：对象的方法（要实现的功能/行为）。

7.2 在 Python 中使用对象

7.2.1 定义类

事实上，我们在前面的学习过程中已经接触到了类，例如，我们用 type()函数来获取一个参数的数据类型，示例代码如下：

```
astring = "HelloPython"
type(astring)    # 返回 <class 'str'>
```

显示 astring 是 str 类型，实际上 astring 就是 str 类的一个实例对象。事实上，Python 中一切皆为对象，list、tuple、dict、str 等都是 Python 中的类。

定义一个类的步骤为：定义类名 → 编写类的属性 → 编写类的方法。

定义类的语法格式如下：

```
class<类名>:
    def __init__(self, <参数列表>):
        <编写类的属性>

    def<方法名称>(self, <参数列表>):
        <方法体>

    ...
```

这里所指的参数列表并不是一个列表，而是以逗号分隔的若干个参数。__init__() 方法（init 前后各有两个下画线）是类的初始化方法，在创建对象时会自动执行，无须手动调用。作用就是初始化已实例化后的对象。

定义一个 School 类，示例代码如下：

```
class School:
    def __init__(self, name, number):
        self.name = name
        self.number= number

    def print_school(self):
        print('{}: {}'.format(self.name, self.number))
```

类名为 School，具有两个属性，即 name 和 number，以及一个方法，即 print_school()。其中 self 参数表示类实例，它总是指调用时的类的实例。

7.2.2　创建对象

定义好了一个类，就可以根据该类创建实例，创建实例是通过调用"类名()"实现的，语法格式如下：

```
<对象名>＝<类名>(<参数列表>)
```

其中，参数列表为__init__()方法所接收的参数（不含 self）。例如，我们根据刚刚定义的 School 类创建一个 School 实例 ncu，示例代码如下：

```
ncu = School("南昌大学", 59)
```

查看一下 ncu 对象的类型：

```
print(type(ncu))        # 输出 <class '__main__.School'>
```

通过上面示例可以看出，创建的对象的确是 School 类型（__main__.School 表示 main()方法的 School 类，main()方法是 Python 程序的主方法）。

我们可以直接调用对象的属性，语法格式如下：

```
<对象名>.<属性名>
```

例如，我们输出 ncu 对象的属性值，示例代码如下：

```
print(ncu.name, ncu.number)        # 输出 南昌大学 59
```

我们也可以对属性重新赋值，语法格式如下：

<对象名>.<属性名> = <新值>

例如，我们修改 ncu 的 name 属性的值为"NCU"，number 属性的值为 70，示例代码如下：

```
ncu.name = "NCU"
ncu.number = 70
print(ncu.name, ncu.number)        # 输出 NCU 70
```

我们可以调用对象的方法，语法格式如下：

<对象名>.<方法名>(<参数列表>)

例如，我们调用 ncu 的 print_school()方法，示例代码如下：

```
ncu.print_school()              # 输出 NCU: 70
```

完整的示例代码如下：

```
# 定义 School 类
class School:
    def __init__(self, name, number):
        self.name = name
        self.number= number

    def print_school(self):
        print('{}: {}'.format(self.name, self.number))

# 创建对象
ncu = School('南昌大学', 59)
print(type(ncu))
print(ncu.name, ncu.number)

# 修改对象属性
ncu.name = "NCU"
ncu.number = 70
print(ncu.name, ncu.number)

# 调用对象方法
ncu.print_school()
```

运行结果为：

```
<class '__main__.School'>
南昌大学 59
NCU 70
NCU: 70
```

需要注意的是，__init__()方法的第一个参数永远是 self，表示创建的实例本身，因此，在__init__()方法内部，就可以把各种属性绑定到 self，因为 self 就指向创建的实例本身。有了__init__()方法，我们在创建实例时，就不能传入空的参数了，必须传入与__init__()方法匹配的参数，但 self 不需要传入创建对象的方法中，Python 解释器会把 self 传进去。

和普通的函数相比，在类中定义的函数只有一点不同，就是第一个参数永远是 self，并且，在调用时，不用传递该参数。除此之外，类的方法和普通函数没有什么区别。

7.2.3 类属性

在前文中，我们介绍的属性都是针对实例对象的，但是，如果类本身需要绑定一个属性呢？可以直接在类中定义属性，这种属性是类属性，归类所有。

以 School 类为例，示例代码如下：

```python
class School:
    classname = "School"
    def __init__(self, name, number):
        self.name = name
        self.number= number

    def print_school(self):
        print('{}: {}'.format(self.name, self.number))

print(School.classname)
```

运行结果为：

```
School
```

可以看出，我们并没有实例化一个对象，直接就输出了 School 的类属性，即 name 的值。

此外，当我们定义了一个类属性后，这个属性虽然归类所有，但类的所有实例都可以访问到，示例代码如下：

```python
class School:
    classname = "School"
    def __init__(self, name, number):
        self.name = name
        self.number= number

    def print_school(self):
        print('{}: {}'.format(self.name, self.number))

ncu = School("南昌大学", 59)
hust = School("华中科技大学", 8)
print(ncu.classname, ncu.name)
print(hust.classname, hust.name)
```

运行结果为：

```
School  南昌大学
School  华中科技大学
```

实例对象 ncu 与 hust 都没有 classname 这个属性，Python 解释器会去查找 School 类的 classname 属性。

类属性分为类变量和实例变量。类变量在整个实例化的对象中是公用的。类变量定义在类中且在函数体之外。类变量通常不作为实例变量使用，可以使用"类名.类属性"来获取该值。实例变量是定义在方法中的变量，以 self.开头。

针对类属性的一些方法如下。

（1）实例化对象的属性，即对象名.类属性。

（2）使用内置函数来访问属性，如表 7-1 所示。

表 7-1　使用内置函数来访问属性

函　　数	说　　明
getattr(obj,name[,default])	访问对象的属性。obj 是对象名，name 是属性名称，default 是可选参数。当获取对象的属性不存在时，就返回此值
hasattr(obj,name)	检查是否存在一个属性
setattr(obj,name,value)	增加或设置对象（obj）、一个属性名称（name），并设置相应的值（value）。如果属性不存在，则创建一个新属性
delattr(obj, name)	删除属性

注意：name 需要添加单引号，obj 是实例化对象名称。

Python 内置类属性如表 7-2 所示。

表 7-2　Python 内置类属性

属　　性	说　　明
__dict__	类的属性（包含一个字典，由类的属性名:值组成） 类名.__dict__
__doc__	类的文档字符串 类名.__doc__
__name__	类名 类名.__name__
__bases__	类的所有父类构成元素（包含了一个由所有父类组成的元组）

接下来通过一个示例来了解__name__属性的用法。

当一个模块被一个程序第一次引入时，其主程序将运行。示例代码如下：

bimported.py 文件的内容如下：

```
def add(a, b):
    return a + b
ret = add(12, 12)
print('in bimported.py file, 12 + 12 = %d'%ret)
```

main.py 文件的内容如下：

```
import bimported               # 导入 bimported
result = bimported.add(8 , 19)  # 调用 bimported 中的 add()函数
print(result)
```

main.py 文件运行的结果为:

```
in bimpored.py flie, 12 + 12 = 24
27
```

如果想要在模块被引入时,模块中的某一程序块不被执行,则我们可以使用__name__属性来使程序块仅在模块自身运行时执行。

修改 bimported.py 文件的内容为:

```
def add(a, b):
    return a + b
if __name__ == '__main__':
    ret = add(12, 12)
    print('in bimported.py file, 12 + 12 = %d'%ret)
```

main.py 文件运行结果为:

```
27
```

__name__在不同情形下含义是不同的。如果放在 Modules 模块中,就表示是模块的名字;如果是放在 class 类中,就表示类的名字。

__main__是模块,当 xxx.py 文件本身被直接执行时,对应的模块名就是__main__了,可以在 if __name__ == '__main__': 中添加用户想要的,用于测试模块、演示模块用法等代码。__main__一般作为函数的入口,类似于 C 语言,尤其在大型工程中,常常用 if __name__ == '__main__': 来表明整个工程开始运行的入口。作为模块,当被其他 Python 程序导入(import)时,模块名就是本身文件名了。

7.3　面向对象的三大特征

面向对象的三大特征是封装、继承、多态。

7.3.1　封装

封装就是将内容封装到某个地方,再去调用被封装在某处的内容。所以,在使用面向对象的封装特征时,需要进行如下操作。

(1)将内容封装到某处。

(2)从某处调用被封装的内容。

第一步,将内容封装到某处,示例代码如下:

```
# 创建类
class Aoo:
    # 构造方法,当类创建对象时会自动执行
    def __init__(self,name,age):
        self.name = name
        self.age = age
```

```
# 根据类 Aoo 创建对象 obj01
#将 Jack 和 23 分别封装到 obj01（或称为 self）的 name 和 age 属性中
obj01 = Aoo('Jack',23)

# 根据类 Aoo 创建对象 obj02
# 将 Amy 和 66 分别封装到 obj02（或称为 self）的 name 和 age 属性中
obj02 = Aoo('Amy',66)
```

self 是一个形式参数。当执行 obj01= Aoo('Jack',23)时，self=obj01。当执行 obj02 = Aoo('Amy', 66) 时，self=obj2。所以，内容其实被封装到了对象 obj1 和 obj2 中，每个对象都有 name 和 age 属性。

第二步，从某处调用被封装的内容。当调用被封装的内容时有两种方法：通过对象直接调用、通过 self 间接调用。

- 通过对象直接调用被封装的内容。

示例代码如下：

```
class Aoo:
    def __init__(self,name,age):
        self.name = name
        self.age = age
    def msg(self):
        print(self.name)
        print(self.age)

obj01 = Aoo('Jack',23)
obj01.msg()

obj02 = Aoo('Amy',66)
obj02.msg()
```

运行结果为：

```
Jack
23
Amy
66
```

- 通过 self 间接调用被封装的内容。

在执行类中的方法时，会通过 self 间接调用被封装的内容。在下面的示例中，obj01.msg()表示系统默认会将 obj01 传给 self 参数，即 obj01.msg(obj01)，所以，此时方法内部的 self ＝ obj01，即 self.name 的值是 Jack；self.age 的值是 23。obj02.msg()同理。

示例代码如下：

```
class Aoo:
    def __init__(self,name,age):
        self.name = name
```

```
            self.age = age

obj01 = Aoo('Jack',23)
print(obj01.name)              #直接调用 obj01 对象的 name 属性
print(obj01.age)               #直接调用 obj01 对象的 age 属性


obj02 = Aoo('Amy',66)
print(obj02.name)              #直接调用 obj02 对象的 name 属性
print(obj02.age)               #直接调用 obj02 对象的 age 属性
```

7.3.2 继承

在定义一个类后，可以从某个现有的类继承，新的类称为子类，而被继承的类称为父类、基类或超类。在继承中，子类会获得父类的全部功能，并允许增加和修改一些方法，但是不能删除这些继承而来的方法，而且允许对代码做一些修改。

继承类的语法格式如下：

```
class<子类名>(<父类名>):
    ...
```

示例代码如下：

```
class Fruits(object):
    def color(self):
        print('The color of the fruit is very beautiful！')


class Apple(Fruits):
    def color(self):                # 函数的重写
        print('The color of apple is red...')
    def eat(self):                  # 增加新功能
        print('Eating apple...')


class Banana(Fruits):
    def color(self):                # 函数的重写
        print('The color of banana is yellow...')
    def eat(self):                  # 增加新功能
        print('Eating banana...')


a = Apple()
a.color()
a.eat()
b = Banana()
b.color()
b.eat()
```

运行结果为：

```
The color of apple is red...
Eating apple...
The color of banana is yellow...
Eating banana...
```

object 类是所有类的父类，当省略不写时，Python 3 的解释器会默认帮用户加上去。

此外，Python 支持多继承，也就是说可以同时继承多个父类，并使用逗号分隔。当多个父类拥有相同的方法名，而子类又没有该方法时，会优先采用最左端的父类的方法。

示例代码如下：

```python
class Fruits(object):
    def info(self):
        print("Fruits")


class Vegetables(object):
    def info(self):
        print("Vegetables")


class Tomato(Fruits, Vegetables):
    pass


toma = Tomato()
toma.info()
```

运行结果为：

```
Fruits
```

当子类有该方法时，会优先调用子类的方法，示例代码如下：

```python
class Fruits(object):
    def info(self):
        print("Fruits")


class Vegetables(object):
    def info(self):
        print("Vegetables")


class Tomato(Fruits, Vegetables):
    def info(self):
        print("Tomato")


toma = Tomato()
toma.info()
```

运行结果为：

```
Tomato
```

7.3.3　多态

Python 没有覆写（override）的概念。严格来讲，Python 并不支持多态。有时候，在子类中调用父类的方法时，我们会用到 super()方法。super()方法可以避免硬编码，也能处理多继承的情况。

例如，水果都有颜色这个属性，所以添加一个参数 color 到 __init__()方法，示例代码如下：

```
class Fruits(object):
    def __init__(self,color):
        self.color = color
```

那么子类中的 __init__()方法一定也要跟着改动。然后通过 super()方法把 color 传递给父类的 __init__()方法。

事实上，不用 super()方法直接用类名也可以，示例代码如下：

```
class Apple(Fruits):
    def __init__(self,color):
        Fruits.__init__(self,color)
        print('Apple is',color)
a = Apple('red')
```

7.4　魔法方法

魔法方法又被称为特殊方法，是指被包含下画线的方法或所能调用到的方法的统称，这些通常会在特殊的情况下调用，并且没有手动调用它们的必要。

7.4.1　__init__()方法

创建类定义时，可以定义一个特定的方法__init__()，只要创建这个类的一个实例，就会运行这个方法，可以向该方法传递参数，示例代码如下：

```
class Tomato(object):
    def __init__(self, color, size, direction):
        self.color   = color
        self.size = size
        self.direction = direction
    def info(self):
        print(self.color, self.size, self.direction, sep=', ')


toma = Tomato("Red", 20, "a bit sour")
toma.info()
```

运行结果为：

Red, 20, a bit sour

在 Python 3 中，即便我们在定义类时没有定义__init__()方法，Python 3 解释器也会在创建对象时自动为对象添加__init__()方法，示例代码如下：

```
class Apple(object):
    pass


apple = Apple()
hasattr(apple, '__init__')
```

运行结果为：

True

内置 hasattr()方法用于判断对象是否拥有指定属性或方法，我们可以看出，Python 3 解释器自动为 Apple 类添加了__init__()方法。

7.4.2　__str__()方法

如果想要获得对象的具体信息，我们可以通过调用对象的方法实现。但是，我们如果直接打印对象，会得到什么，示例代码如下：

```
class Apple(object):
    pass


apple = Apple()
print(apple)
```

运行结果为：

<__main__.Apple object at 0x0000013A3FA6A748>

我们发现直接使用 print(apple)语句会得到一个奇怪的结果，__main__.Apple 表示 main()方法中的 Apple 类，at 后面一长串的十六进制数字表示 apple 对象所在的内存地址，直接使用 print()函数打印 apple 对象就会把这些信息打印出来。

Python 拥有一个魔法方法 __str__()，可以自定义打印一个对象时具体显示什么内容，示例代码如下：

```
class Apple(object):
    def __str__(self):
        return "I'm a apple"


apple = Apple()
print(apple)
```

运行结果为：

I'm a apple

7.5 综合练习

7.5.1 餐馆 1——餐馆正在营业

创建一个名为 Restaurant 的类，其__init__()方法设置两个属性：restaurant_name 和 cuisine_type。创建一个名为 describe_restaurant()方法和一个名为 open_restaurant ()方法，前者打印两条信息，而后者打印一条信息，指出餐馆正在营业。

根据这个类创建一个名为 restaurant 的实例，分别打印其两个属性，再调用 describe_restaurant()和 open_restaurant ()两个方法，代码如下：

```python
class Restaurant():
    '''
        餐馆类
    '''

    def __init__(self,restaurant_name,cuisine_type):
        #声明两个实例属性
        self.restaurant_name = restaurant_name          #餐馆名字
        self.cuisine_type = cuisine_type                #菜系

    def describe_restaurant(self):
        print('名称：%s，菜系：%s'%(self.restaurant_name,self.cuisine_type))

    def open_restaurant(self):
        print('欢迎光临%s，正在营业'%self.restaurant_name)

if __name__ == '__main__':
    restaurant = Restaurant('金拱门','西餐')
    #打印两个属性
    print(restaurant.restaurant_name)
    print(restaurant.cuisine_type)

    #调用两个方法
    restaurant.describe_restaurant()
    restaurant.open_restaurant()
```

运行结果为：

```
金拱门
西餐
名称：金拱门，菜系：西餐
欢迎光临金拱门，正在营业
```

7.5.2 餐馆 2——餐馆的菜系名称

在上面示例基础上修改代码，创建 3 个实例，并对每个实例调用 describe_restaurant()方法，代码如下：

```
class Restaurant():
    '''
        餐馆类
    '''
    def __init__(self, restaurant_name, cuisine_type):
        # 声明两个实例属性
        self.restaurant_name = restaurant_name      # 餐馆名字
        self.cuisine_type = cuisine_type            # 菜系

    def describe_restaurant(self):
        print('名称：%s，菜系：%s' %(self.restaurant_name, self.cuisine_type))

    def open_restaurant(self):
        print('欢迎光临%s，正在营业' % self.restaurant_name)


if __name__ == '__main__':
    # 创建 3 个实例
    chuancai = Restaurant('我家酸菜鱼', '川菜')
    chuancai.open_restaurant()
    chuancai.describe_restaurant()

    xiangcai = Restaurant('沪上湘城', '湘菜')
    xiangcai.open_restaurant()
    xiangcai.describe_restaurant()

    loulan = Restaurant('楼兰', '新疆菜')
    loulan.open_restaurant()
    loulan.describe_restaurant()
```

运行结果为：

```
欢迎光临我家酸菜鱼，正在营业
名称：我家酸菜鱼，菜系：川菜
欢迎光临沪上湘城，正在营业
名称：沪上湘城，菜系：湘菜
欢迎光临楼兰，正在营业
名称：楼兰，菜系：新疆菜
```

7.5.3　餐馆 3——就餐人数

在上面示例基础上修改代码，添加一个名为 number_served 的属性，并将其默认值设置为 0。打印有多少人在这家餐馆就餐，然后修改这个值并再次打印它。

添加一个名为 set_number_served() 的方法，该方法可以设置就餐人数。调用这个方法并向它传递一个值，再次打印这个值。

添加一个名为 increment_number_served()的方法，该方法可以将就餐人数递增，调用这个方法并向它传递一个值，即你认为这家餐馆每天可能接待的就餐人数，代码如下：

```python
class Restaurant():
    '''
        餐馆类
    '''
    def __init__(self,restaurant_name,cuisine_type,number_served = 0):
        # 声明两个实例属性
        self.restaurant_name = restaurant_name    # 餐馆名字
        self.cuisine_type = cuisine_type           # 菜系
        self.number_served = number_served

    def describe_restaurant(self):
        print('名称：%s，菜系：%s'%(self.restaurant_name,self.cuisine_type))

    def open_restaurant(self):
        print('欢迎光临%s，正在营业'%self.restaurant_name)

    # 设置就餐人数
    def set_number_served(self,n):
        self.number_served = n                    # 通过传递的参数给实例属性赋值
        print('当前就餐人数：%d'%self.number_served)

    # 递增增加就餐人数
    def increment_number_served(self,n):
        for i in range(1,n+1):
            self.number_served += 1
            print('当前就餐人数：%d'%self.number_served)

if __name__ == '__main__':
    # 餐馆1
    restaurant = Restaurant('金拱门','西餐')
    # 打印两个属性
    print(restaurant.restaurant_name)
    print(restaurant.cuisine_type)

    # 调用两个方法
    restaurant.describe_restaurant()
    restaurant.open_restaurant()

    # 餐馆2，创建3个实例
    chuancai = Restaurant('我家酸菜鱼', '川菜')
```

```
        chuancai.describe_restaurant()

        xiangcai = Restaurant('沪上湘城', '湘菜')
        xiangcai.describe_restaurant()

        loulan = Restaurant('楼兰', '新疆菜')
        loulan.describe_restaurant()

        # 就餐人数
        loulan = Restaurant('楼兰', '新疆菜')
        print('就餐人数：%d'%loulan.number_served)
        loulan.number_served = 10              # 通过对象名.属性名设置属性值
        print('就餐人数：%d' % loulan.number_served)
        loulan.set_number_served(40)
        loulan.increment_number_served(10)
```

运行结果为：
```
        金拱门
        西餐
        名称：金拱门，菜系：西餐
        欢迎光临金拱门，正在营业
        就餐人数：0
        就餐人数：10
        当前就餐人数：40
        当前就餐人数：41
        当前就餐人数：42
        当前就餐人数：43
        当前就餐人数：44
        当前就餐人数：45
        当前就餐人数：46
        当前就餐人数：47
        当前就餐人数：48
        当前就餐人数：49
        当前就餐人数：50
```

7.5.4 餐馆4——冰激凌小店

冰激凌小店是一种特殊的餐馆。编写一个名为 IceCreamStand 的类，让它继承前文示例创建的 Restaurant 类。添加一个名为 flavors 的属性，用于存储一个由各种口味冰激凌组成的列表。编写一个显示这些冰激凌的方法。创建一个 IceCreamStand 类的实例，并调用这个方法，代码如下：

```
        class Restaurant():
            """
            餐馆类
```

```
        '''
        def __init__(self,restaurant_name,cuisine_type):
            #声明两个实例属性
            self.restaurant_name = restaurant_name        #餐馆名字
            self.cuisine_type = cuisine_type              #菜系

        def describe_restaurant(self):
            print('名称：%s，菜系：%s'%(self.restaurant_name,self.cuisine_type))

        def open_restaurant(self):
            print('欢迎光临%s，正在营业'%self.restaurant_name)

    class IceCreamStand(Restaurant):
        def __init__ (self,restaurant_name,cuisine_type):
            super().__init__(restaurant_name,cuisine_type)
            self.flavors=['香蕉','苹果','奶油']

        def show_flavors(self):
            for n in self.flavors:
                print('我最喜欢的是%s'%n)

    if __name__ == '__main__':

        # 练习5
        fengwei = IceCreamStand('风味', '冰激凌')
        fengwei.show_flavors()
```

运行结果为：

```
我最喜欢的是香蕉
我最喜欢的是苹果
我最喜欢的是奶油
```

7.5.5　用户管理1——向用户发出个性化的问候

创建一个 User 类，其中包含属性 first_name 和 last_name，以及其他几个属性。在 User
类中定义一个 describe_user()方法，它的功能是打印用户信息摘要；再定义一个 greet_user()
方法，它的功能是向用户发出个性化的问候。

创建多个表示不同用户的实例，并对每个实例都调用上述两个方法。

```
    class User():
        '''
        用户类
        '''
        def __init__(self,first_name,last_name,age,sex,phone,login_attempts=0):
            # 初始化实例属性
```

```
            self.first_name = first_name
            self.last_name = last_name
            self.age = age
            self.sex = sex
            self.phone = phone
            self.login_attempts = login_attempts

        # 查看用户信息
        def describe_user(self):
            print('大家好我叫{}   {}，我今年{}岁，我的电话是{}'
                .format(self.first_name,self.last_name,self.age,self.phone))

        # 个性化问候
        def greet_user(self):
            print('尊敬的%s，恭喜你中了五百万元。'%self.first_name)

    if __name__ == '__main__':

        tom= User('tom','black',19,'男','13599999999')
        tom.describe_user()
        tom.greet_user()

        jack= User('jack','white',20,'女','13688888888')
        jack.describe_user()
        jack.greet_user()
```

运行结果为：

```
大家好我叫 tom black，我今年 19 岁，我的电话是 13599999999
尊敬的 tom，恭喜你中了五百万元。
大家好我叫 jack white，我今年 20 岁，我的电话是 13688888888
尊敬的 jack，恭喜你中了五百万元。
```

7.5.6　用户管理 2——尝试登录次数

在前文示例编写的 User 类中，添加一个 login_attempts 属性。编写一个 increment_login_attempts()方法，它将 login_attempts 属性的值加 1。再编写一个 reset_login_attempts()方法，它将 login_attempts 属性的值重置为 0。

根据 User 类创建一个实例，多次调用 increment_login_attempts()方法。打印 login_attempts 属性的值，确认它被正确地递增；再调用 reset_login_attempts()方法，并再次打印 login_attempts 属性的值，确认它被重置为 0，代码如下：

```
class User():
    '''
        用户类
    '''
```

```python
    def _init__(self,first_name,last_name,age,sex,phone,login_attempts=0):
        # 初始化实例属性
        self.first_name = first_name
        self.last_name = last_name
        self.age = age
        self.sex = sex
        self.phone = phone
        self.login_attempts = login_attempts

    # 查看用户信息
    def describe_user(self):
        print('大家好我叫%s %s，我今年%d 岁，我的电话是%s'
            %(self.first_name,self.last_name,self.age,self.phone))

    # 个性化问候
    def greet_user(self):
        print('尊敬的%s，恭喜你中了五百万元。'%self.first_name)

    # 增加登录次数
    def increment_login_attempts(self):
        self.login_attempts += 1
        print('当前登录次数%d'%self.login_attempts)
    # 重置登录次数
    def reset_login_attempts(self):
        self.login_attempts = 0
        print('当前登录次数%d' % self.login_attempts)

if __name__ == '__main__':
    tom = User('tom','black',19,'男','13599999999')
    tom.describe_user()
    tom.greet_user()

    tom.increment_login_attempts()
    tom.increment_login_attempts()
    tom.increment_login_attempts()

    tom.reset_login_attempts()
```

运行结果为：

```
大家好我叫 tom black，我今年 19 岁，我的电话是 13599999999
尊敬的 tom，恭喜你中了五百万元。
当前登录次数 1
当前登录次数 2
当前登录次数 3
当前登录次数 0
```

7.5.7　用户管理 3——管理员

管理员是一个特殊的用户，编写一个 Admin 类，让它继承 User 类。添加一个 privileges 属性，用于存储一个由字符串（如 "can add post"、"can ban user" 和 "can delete post" 等）组成的列表。编写一个方法，它显示管理员的权限，创建一个 Admin 实例，并调用 show_privileges()方法，代码如下：

```python
class User():
    '''
    用户类
    '''
    def _init__(self,first_name,last_name,age,sex,phone,login_attempts=0):
        # 初始化实例属性
        self.first_name = first_name
        self.last_name = last_name
        self.age = age
        self.sex = sex
        self.phone = phone
        self.login_attempts = login_attempts

    # 查看用户信息
    def describe_user(self):
        print('大家好我叫%s %s，我今年%d 岁，我的电话是%s'%(self.first_name,self.last_name,
self.age,self.phone))

    # 个性化问候
    def greet_user(self):
        print('尊敬的%s，恭喜你中了五百万元。'%self.first_name)

class Admin(User):
    '''User 的子类'''
    def __init__(self, first_name,last_name,age,sex,phone):
        super().__init__(first_name,last_name,age,sex,phone)
        self.privileges = ['can add post','can ban user','can delete post']

    def show_privileges(self):
        print('%s 管理员的权限有%s'%(self.first_name,self.privileges))

if __name__ == '__main__':
    admin = Admin("Alice",'Bob',18,'女','18954676367')
    admin.show_privileges()
```

运行结果为：

```
Alice 管理员的权限有['can add post', 'can ban user', 'can delete post']
```

7.5.8　小游戏

编写一个游戏程序，具体要求如下。

游戏中有 3 个人物，每个人物有 4 个属性，分别为名字（name）、定位（category）、血量（output）、技能（skill）。3 个人物分别是铠，战士，血量为 1000 点，技能为极刃风暴；王昭君，法师，血量为 1000 点，技能为凛冬将至；阿轲，刺客，血量为 1000 点，技能为瞬华。

游戏中有两个游戏场景，分别为偷红 buff，释放技能偷到红，buff 消耗血量 300 点；solo 战斗，一血，消耗血量 500 点，补血，加血 200 点。

代码如下：

```python
class hero():
    # 定义属性
    def __init__(self,name,category,skill,output=1000,score = 0):
        self.name = name
        self.category = category
        self.skill = skill
        self.output = output
        self.score = score

    # 战斗场景 1，偷红 buff
    def red_buff(self):
        self.output -= 300
        print('%s%s 到对面战区偷红 buff，消耗血量 300 点'%(self.category,self.name))

    # 战斗场景 2，solo 战斗
    def solo(self,n=1):
        self.output -= 500
        if self.output < 0:
            print('%s%s，送了一个"奖励"，血染王者峡谷'%(self.category,self.name))
        else:
            if self.score == 0:
                self.score += n
                print('%s%s sol 战斗拿到一血，消耗血量 500 点'%(self.category,self.name))
            else:
                self.score += n
                print('%s%s solo 战斗拿到%d 个"奖励"，消耗血量 500 点'%(self.category,self.name,n))

    # 场景 3，加血
    def add_xue(self):
        self.output += 200
        print('%s%s 加血 200 点'%(self.category,self.name))

    # 查看英雄相惜信息
    def getInfo(self):
        if self.output <= 0:
            print('%s%s，正在复活，拿到%d 个"奖励"'%(self.category,self.name,self.score))

        else:
            print('%s%s 超神啦！血量还有%d 点，拿到%d 个"奖励"'
                  %(self.category,self.name,self.output,self.score))
```

```
# 实例化对象
kai = hero('铠','战士','极刃风暴')

# 操作
kai.red_buff()
kai.getInfo()
kai.solo()
kai.getInfo()
kai.add_xue()
kai.getInfo()
kai.solo()
kai.getInfo()
```

运行结果为：

战士铠到对面战区偷红 buff，消耗血量 300 点

战士铠超神啦！血量还有 700 点，拿到 0 个"奖励"

战士铠 solo 战斗拿到一血，消耗血量 500 点

战士铠超神啦！血量还有 200 点，拿到 1 个"奖励"

战士铠加血 200 点

战士铠超神啦！血量还有 400 点，拿到 1 个"奖励"

战士铠，送了一个"奖励"，血染王者峡谷

战士铠，正在复活，拿到 1 个"奖励"

7.6　习题

1．类由哪几个部分构成？

2．面向对象程序设计的三要素分别为_____、_____和_____。

3．简述 Python 中以下画线开头的成员名的特点。

4．定义一个 Point 类。它有两个实例成员变量 x 和 y，定义一个 __init__()方法对它们初始化，再定义一个 show()方法，显示 x 和 y 的值，最后定义对象并调用 show()方法。

5．定义 Student 类，有一个类级的成员变量 country，并通过类成员方法 get_country()和 set_country()显示和修改 country 的值。在构造方法中定义一个对象级的成员变量 name，以及获取 name 值的对象方法。

6．定义 People 类，实例成员变量有身份证号、姓名和年龄。定义 People 类的派生类：Student 类和 Teacher 类。Student 类增加实例成员变量学号、班级和分数；Teacher 类增加实例变量工号、学院和工资。编写主程序，定义类的对象，设置对象的实例属性，显示对象的信息。

7．为习题 6 的各个类增加 show()方法，使其可以显示本类的成员信息。

8．设计一个日期类，包括年、月、日 3 个成员变量，其中，年为私有变量。编写构造方法，年、月、日值的显示方法及修改年值的方法，再编写主模块定义其对象，赋值为当前日期，修改对象的值并显示结果。

第8章 文　件

8.1　文件的使用

8.1.1　文件概述

　　文件是一个存储在辅助存储器上的数据序列，可以包含任何数据内容。从概念上来说，文件是数据的集合和抽象。类似地，函数是程序的集合和抽象。用文件形式组织和表达数据更有效，也更为灵活。文件包括两种类型：文本文件和二进制文件。

　　二进制文件直接由0和1组成，没有统一字符编码，文件内部数据的组织格式与文件用途有关。二进制文件和文本文件最主要的区别在于是否有统一的字符编码。

　　无论是文件创建为文本文件还是二进制文件，都可以用"文本文件方式"和"二进制文件方式"打开，打开后的操作不同。

　　下面通过一个示例理解文本文件和二进制文件的区别，在当前路径下新建test.txt文本文件，文件内容如下：

　　　　中国是一个伟大的国家！

示例代码如下：

```
textFile = open("test.txt", "rt") # t 表示文本文件方式
print(textFile.readline())
textFile.close()

binFlie = open("8.1.txt", "rb") # b 表示二进制文件方式
print(binFlie.readline())
binFlie.close()
```

运行结果为：

　　　　中国是一个伟大的国家！
　　　　b"b'\\xd6\\xd0\\xb9\\xfa\\xca\\xc7\\xb8\\xf6\\xce\\xb0\\xb4\\xf3\\xb5\\xc4\\xb9\\xfa\\xbc\\xd2\\xa3\\xa1'"

　　采用文本文件方式读入文件，文件经过编码形成字符串，打印出有含义的字符；采用二进制方式打开文件，文件被解析为字节（byte）流。由于存在编码，字符串中的一个字符用2个字节表示。

8.1.2　文件的操作流程

　　文件的操作流程和我们写简历的流程类似，如图8.1所示。

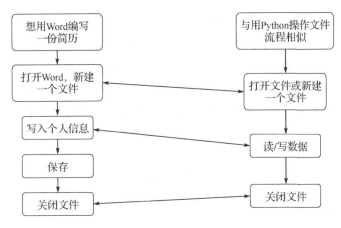

图 8.1 文件的操作流程

8.1.3 文件的打开

Python 通过解释器内置的 open() 函数打开一个文件，并实现该文件与一个程序变量的关联。open() 函数用于打开一个已经存在的文件，或者新建一个文件。open() 函数的语法格式如下：

> open(name[, mode[, buffering[,encoding]]])

其中，name 是一个包含了用户想要访问的文件名称的字符串值（区分绝对路径和相对路径）。mode 决定了打开文件的模式：只读、写入、追加等。mode 参数是非强制的，默认文件访问模式为只读（r）。如果 buffering 的值被设置为 0，则不会有寄存行。如果 buffering 的值被设置为 1，则访问文件时会有寄存行。如果 buffering 的值被设置为大于 1 的整数，则表明这就是寄存区的缓冲大小。

在 Python 中，使用 open() 函数打开文件的语法格式如下：

> <变量名> = open(<文件名>,<打开模式>)

open() 函数有两个参数：文件名和打开模式。文件名可以是文件的实际名字，也可以是包含完整路径的名字。open() 函数提供了 7 种文件的打开模式，如表 8-1 所示。

表 8-1 open() 函数提供了 7 种文件的打开模式

打 开 模 式	说　　明
'r'	只读模式，如果文件不存在，则返回异常 FileNotFoundError，'r'是默认值
'w'	覆盖写模式，如果文件不存在则创建文件，如果文件存在则完全覆盖源文件
'x'	创建写模式，如果文件不存在则创建文件，如果文件存在则返回异常 FileExistsError
'a'	追加写模式，如果文件不存在则创建文件，如果文件存在则在源文件最后追加内容
'b'	二进制文件模式
't'	文本文件模式
'+'	与 r/w/x/a 一同使用，在原功能基础上同时增加了读写功能

在 8.1.1 中有代码 textFile = open("8.1.txt", "rt")，在这里必须注意文件路径问题。当用户将类似 8.1.txt 这样的简单文件名传递给 open() 函数时，Python 将在当前执行文件（即 .py 程

序文件）所在的目录中查找文件。当用户将这个文件跨目录存储时，即该文件不在含有.py 的文件夹中，而且用户还是按照上面的方式使用 open()函数，程序将指出没有找到 8.1.txt 文件。这时用户就需要提供文件路径。文件路径分为相对文件路径和绝对文件路径。

相对文件路径让 Python 到指定的位置去查找，而该位置是相对于当前运行的程序所在的目录。用户还可以将文件在计算机中的准确位置告诉 Python，这样就不用担心当前运行的程序存储在什么地方了，这称为绝对文件路径。在相对文件路径行不通时，可以使用绝对文件路径。Windows 系统有时能够正确地解读文件路径中的斜杠。如果用户使用的是 Windows 系统，且结果不符合预期，可以在路径前面加上 r。

8.1.4　文件的关闭

对于文件的操作结束之后，用户可以使用 close()函数来关闭文件，语法格式如下：

```
文件对象.close()
```

下面通过一段代码来观察文件的打开和关闭操作：

```
file1 = open('test.txt','w')
file1.close()
```

8.2　文件的读取

8.2.1　读取文件

读取文件的语法格式如下：

```
read(num)
```

read(num)可以读取文件里面的内容。num 表示要从文件中读取数据的长度（单位是字节），如果没有参数 num，则表示读取文件中所有的数据，即整个文件。

在当前路径下新建"歌词.txt"文件，文件内容如下：

```
生僻字
歌手：陈柯宇


我们中国的汉字
落笔成画留下五千年的历史
让世界都认识
我们中国的汉字
一撇一捺都是故事
跪举火把虔诚像道光
四方田地落谷成仓
古人象形声意辨恶良
```

示例代码如下：

```
f = open("歌词.txt", "r", encoding="utf-8")
```

```
content = f.read(5)
print(content)
print("-"*30)
content = f.read()
print(content)
f.close()
```

运行结果为：

```
生僻字
歌
------------------------------
手：陈柯宇

我们中国的汉字
落笔成画留下五千年的历史
让世界都认识
我们中国的汉字
一撇一捺都是故事
跪举火把虔诚像道光
四方田地落谷成仓
古人象形声意辨恶良
```

可以看到，f.read(5)读取到"歌"字（因为换行符也是一个字符），即读取到的内容为"生僻字\n 歌"。

8.2.2 逐行读取文件

逐行读取文件的语法格式如下：

```
readlines()
```

readlines()可以按照行的方式把整个文件中的内容进行一次性读取，并且返回的是一个列表，其中每一行的数据作为一个元素。文本逐行打印的代码如下：

```
fname = input("请输入要打开的文件: ") # 输入"歌词.txt"
fo = open(fname, "r")
for line in fo.readlines():
    print(line)
fo.close()
```

遍历文件的所有行有更简单的方法，示例代码如下：

```
fname = input("请输入要打开的文件: ")   # 输入"歌词.txt"
fo = open(fname, "r", encoding='utf-8')
for line in fo:
    print(line)
fo.close()
```

通过上面两段代码，总结出逐行读取文件的代码语法格式如下：

```
fo = open(fname, "r")
for line in fo:
    # 处理一行数据
```

根据不同的打开方式用户可以对文件进行相应的读写操作，4 个常用的文件内容读取方法如表 8-2 所示。

表 8-2 4 个常用的文件内容读取方法

方　　法	说　　明
<file>.readall()	读取整个文件内容，返回一个字符串或字节流
<file>.read(size=-1)	从文件中读取整个文件内容，如果给出参数，则读取前 size 长度的字符串或字节流
<file>.readline(size = -1)	从文件中读取一行内容，如果给出参数，则读取该行前 size 长度的字符串或字节流
<file>.readlines(hint=-1)	从文件中读取所有行，以每行为元素形成一个列表，如果给出参数，则读取 hint 行

除了使用 readlines()逐行读取文件，也可以使用 with 逐行读取文件，示例代码如下：

```
with open('歌词.txt', 'r', encoding='utf-8')as files:
    contents = files.read()
    print(contents)
```

with open()函数与 open()函数的区别：关键字 with 在不再需要访问文件后将其关闭。这可以让 Python 去确定，用户只管打开文件，并在需要时使用它，Python 会在合适的时候自动将其关闭。用户也可以调用 open()函数和 close()函数来打开和关闭文件，但这样做时，如果程序存在 Bug，则会导致 close()语句未执行，文件将不会关闭。

注意：在读取文本文件时，Python 将其中的所有文本都解读为字符串。如果用户读取的是数字，并要将其作为数值使用，则必须使用 int()函数将其转换为整数，或者使用 float()函数将其转换为浮点数。

8.3 文件的写入

保存数据最简单的方法是将其写入文件中。要想将文本写入文件，用户在调用 open()函数时需要提供一个实参，告诉 Python 想要写入打开的文件，示例代码如下：

```
with open(filename, 'w') as file_object:
    file_object.write("I love programming.")
```

如果需要写入多行，示例代码如下：

```
with open(filename, 'w') as file_object:
    file_object.write("I love programming.")
    file_object.write("I love Python.")
```

如果用户想要写入的文件不存在，则 open()函数将会自动创建它。用户使用 write()函数将一个字符串写入文件，这个程序是没有终端输出的，需要使用 print()函数输出文件内容。write()函数不会在用户写入的文本末尾添加换行符，需要手动添加换行符。

注意：Python 只能将字符串写入文本文件。如果用户想要将数值数据存储到文本文件中，则必须先使用 str()函数将其转换为字符串格式。

Python 提供了 3 个与文件内容写入有关的方法，如表 8-3 所示。

表 8-3　Python 提供了 3 个与文件内容写入有关的方法

方　　法	说　　明
<file>.write(s)	向文件中写入一个字符串或字节流
<file>.writelines(lines)	将一个元素为字符串的列表写入文件中
<file>.seek(offset)	改变当前文件操作指针的位置，offset 的值为 0: 文件开头；1: 当前位置；2: 文件结尾

下面通过一个示例理解文件是如何写入的，示例代码如下：

```
fname = input("请输入要保存的文件名: ")  # 输入 "list.txt"
fo = open(fname, "w+", encoding="utf-8")
ls = ["唐诗", "宋词", "元曲"]
fo.writelines(ls)
for line in fo:
    print(line)
fo.close()
```

运行代码，我们可以在当前目录下发现 list.txt 文件，内容为：

唐诗宋词元曲

Python 文件操作常用函数如表 8-4 所示。

表 8-4　Python 文件操作常用函数

函　　数	说　　明
read(size)	size 为读取的长度，打开模式有 b（二进制）就以字节为单位，无 b 就以字符为单位
readline()/readlines()	读取第 1 行/把文件每一行作为一个列表的一个成员，并返回这个列表
write()	把 str 写到文件中，write()函数并不会在 str 后面加上一个换行符
writelines(seq)	把 seq 的内容全部写到文件中（多行一次性写入）。该函数也只是忠实地写入，不会在每行后面加上任何东西
close()	关闭文件
flush()	把缓冲区的内容写入硬盘
tell()	返回文件游标操作的当前位置，以文件的开头为原点
seek(offset[,whence])	offset 表示开始的偏移量，也就是表示需要移动偏移的字节数。whence 为可选项，默认值为 0。定义一个 offset 参数，表示要从哪个位置开始偏移；0 表示从文件开头算起，1 表示从当前位置算起，2 表示从文件末尾算起
truncate([size])	用于截断文件。如果指定了可选参数 size，则表示从当前位置起向后获取 size 个字符，并丢弃剩下的字符。如果没有指定可选参数 size，则表示从当前位置起丢弃剩下的字符

8.4　文件系统

Python 是跨平台的语言，也就是说，同样的源代码在不同的操作系统上不需要修改就可以实现。在日常工作和生活中，我们有大量的文件需要处理，Python 提供了 os、glob 等实用模块，帮助我们维持很多文件和目录的操作需求。

8.4.1　os 模块

如果用户要操作文件、目录，可以在命令行下面输入操作系统提供的各种命令来完成。如 dir、cp 等命令。其实操作系统提供的命令只是简单地调用了操作系统提供的接口函数，Python 内置的 os 模块也可以直接调用操作系统提供的接口函数。

os 模块包含了目录创建、目录删除、文件删除、执行操作系统命令等方法。使用前需要先进行导入，示例代码如下：

```
import os
print(os.name)  # 操作系统类型
```

运行结果为：

```
nt
```

如果运行结果为 posix，则说明操作系统是 Linux、UNIX 或 macOS；如果运行结果为 nt，则说明操作系统是 Windows。用户想要获取详细的操作系统信息，可以调用 uname()函数。需要注意的是，Windows 操作系统不提供 uname()函数，也就是说，os 模块的某些函数是跟操作系统相关的。

os 模块中关于文件/目录常用的函数使用方法如表 8-5 所示。

表 8-5　os 模块中关于文件/目录常用的函数使用方法

函　　数	说　　明
os.getcwd()	得到当前工作的目录
os.listdir()	指定所有目录下的文件和目录名。以列表的形式全部列举出来，其中，没有区分目录和文件
os.remove()	删除指定文件
os.rmdir()	删除指定目录
os.mkdir()	创建目录，该函数只能在一个已存在的目录下创建新目录，要想递归创建目录可以使用 os.makedirs()函数
os.path.isfile()	判断指定对象是否为文件。如果是则返回 True，否则返回 False
os.path.isdir()	判断指定对象是否为目录。如果是则返回 True，否则返回 False
os.path.exists()	检验指定的对象是否存在。如果是则返回 True，否则返回 False
os.path.split()	返回路径的目录和文件名
os.system()	执行 shell 命令，os.system('cmd') 表示启动 DOS
os.chdir()	改变目录到指定目录
os.path.getsize()	获取文件的大小，如果文件是目录，则返回 0
os.path.abspath()	获取绝对文件路径

假设当前目录下有一个 test.txt 文件，现在对文件进行重命名操作，示例代码如下：

```
os.rename('test.txt', 'test.py')
```

删除 test.py 文件，示例代码如下：

```
os.remove('test.py')
```

os 模块中不存在复制文件的函数，原因是复制文件并非由操作系统提供的系统调用。但是 shutil 模块提供了 copyfile()函数，用户还可以在 shutil 模块中找到很多实用函数，它们可以看作是 os 模块的补充。shutil 是高级的文件、文件夹、压缩包处理模块。

shutil 模块的常用方法，如表 8-6 所示。

表 8-6　shutil 模块的常用方法

方　　法	说　　明
copyfile(src, dst)	复制文件
copy(src, dst)	复制文件和权限
copytree(src,dst,symlinks=False,ignore=None)	递归地复制文件夹
rmtree(path[, ignore_errors[, onerror]])	递归地删除文件
move(src, dst)	递归地移动文件，它类似于 mv 命令，其实就是重命名

复制文件的代码如下：

```
import os,shutil
cur_path=os.path.dirname(__file__)              # 获取当前路径
destfile= cur_path + "\\" + "newfile.py"
shutil.copy("shutil.py",destfile )              # 复制文件
# 递归地去复制文件夹
shutil.copytree('folder1', 'folder2', ignore=shutil.ignore_patterns ('*.pyc','tmp*'))
```

8.4.2　操作文件和目录

操作文件和目录的函数一部分放在 os 模块中，另一部分放在 os.path 模块中，这一点需要注意一下。查看、创建和删除目录的方法如下。

查看当前目录的绝对路径，示例代码如下：

```
print(os.path.abspath('.'))
```

在某个目录下创建一个新目录，先把新目录的完整路径表示出来，示例代码如下：

```
os.path.join('/Users/bob', 'testdir')
```

创建一个目录，示例代码如下：

```
os.mkdir('/Users/bob/testdir')
```

删除一个目录，示例代码如下：

```
os.rmdir('/Users/bob/testdir')
```

当把两个路径合成一个路径时，不要直接拼接字符串，而是要通过 os.path.join()函数把两个路径合成一个路径，这样可以正确处理不同操作系统的路径分隔符。在 Linux/UNIX/macOS 操作系统下，os.path.join()函数返回的字符串为 part-1/part-2，而在 Windows 操作系统下返回的字符串为 part-1\part-2。

同样的道理，当要拆分路径时，也不要直接去拆分字符串，而是要通过 os.path.split()函数拆分路径，这样可以把一个路径拆分为两部分，后一部分总是最后级别的目录或文件名，示例代码如下：

```
os.path.split('/Users/bob/testdir/file.txt')
```

运行结果为：

```
('/Users/bob/testdir', 'file.txt')
```

os.path.splitext()函数可以直接让用户获取文件扩展名，示例代码如下：

```
os.path.splitext('/path/to/file.txt')
```

运行结果为：

```
('/path/to/file', '.txt')
```

这些合并、拆分路径的函数并不要求目录和文件要真实存在，它们只对字符串进行操作。os.path 模块的常用方法如表 8-7 所示。

表 8-7   os.path 模块的常用方法

方 法	说 明
abspath(path)	返回 path 规范化的绝对路径
split(path)	将 path 分割成目录和文件名二元组返回
dirname(path)	返回 path 的目录。其实就是 os.path.split(path)的第 1 个元素
basename(path)	返回 path 最后的文件名。如何 path 以 "/" 或 "\" 结尾，此时会返回空值，即 os.path.split(path) 的第 2 个元素
exists(path)	如果 path 存在，则返回 True；如果 path 不存在，则返回 False
isabs(path)	如果 path 是绝对路径，则返回 True
isfile(path)	如果 path 是一个存在的文件，则返回 True；否则返回 False
isdir(path)	如果 path 是一个存在的目录，则返回 True；否则返回 False
join(path1[, path2[, ...]])	将多个路径组合后返回，第 1 个绝对路径之前的参数将被忽略
splitdrive(path)	返回（drivername,fpath）元组
getsize(path)	返回 path 的文件的大小（字节）

下面通过一个示例来了解 os.path 模块，示例代码如下：

```
import os.path
cur_path=os.path.dirname(__file__)              # 获取当前目录路径
print("当前目录路径为："+cur_path)


filename=os.path.abspath("ospath.py")           #获取文件的当前路径
if os.path.exists(filename):                    #判断文件是否存在
    print("完整路径名称：" + filename)
    print("文件大小：", os.path.getsize(filename))

    basename=os.path.basename(filename)
    print("路径最后的文件名为：" + basename)

    dirname=os.path.dirname(filename)
    print("当前文件目录路径：" + dirname)

    print("是否为目录：",os.path.isdir(filename))
```

```
fullpath,fname=os.path.split(filename)   #把 filename 分割为目录及文件
print("目录路径："+ fullpath)
print("文件名："+ fname)

Drive,fpath=os.path.splitdrive(filename)#把 filename 分割为盘符及路径
print("盘名："+ Drive)
print("路径名称："+ fpath)

fullpath = os.path.join(fullpath + "\\" + fname)
print("合并路径="+ fullpath)
```

运行结果为：

```
当前目录路径为：F:\pycharm
完整路径名称：F:\pycharm\ospath.py
('\xe6\x96\x87\xe4\xbb\xb6\xe5\xa4\xa7\xe5\xb0\x8f\xef\xbc\x9a', 22L)
路径最后的文件名为：ospath.py
当前文件目录路径：F:\pycharm
('\xe6\x98\xaf\xe5\x90\xa6\xe4\xb8\xba\xe7\x9b\xae\xe5\xbd\x95\xef\xbc\x9a', False)
目录路径：F:\pycharm
文件名：ospath.py
盘名：F:
路径名称：\pycharm\ospath.py
合并路径= F:\pycharm\ospath.py
```

注意： os.path.dirname(__file__)返回脚本的路径，__file__ 必须是实际存在的.py 文件，如果在命令行执行，则会引发异常 NameError: name '__file__' is not defined。

Python 中的 os 模块封装了操作系统的目录和文件操作，要注意这些函数有的在 os 模块中，有的在 os.path 模块中。

当使用 Python 编程时，经常和文件、目录打交道，这是就离不开 os 模块。os 模块包含普遍的操作系统功能，与具体的平台无关。

8.5 综合练习

实现一个账号与密码的管理程序，利用文本文件管理账号和密码，程序功能为执行程序后，选择 1 输入账号和密码，选择 2 显示输入的账号和密码，选择 3 修改密码，选择 4 删除账号和密码，选择 0 结束程序。结束程序后，打开 password 文件，查看内容。

1. menu()函数

menu()函数用于显示选项菜单，示例代码如下：

```
def menu():
    os.system("cls")
    print("账号、密码管理系统")
```

```
print("-------------------------")
print("1. 输入账号、密码")
print("2. 显示账号、密码")
print("3. 修 改 密 码")
print("4. 删除账号、密码")
print("0. 结 束 程 序")
print("-------------------------")
```

2. read_data()函数

read_data()函数用于读取文件，程序没有检查文件是否存在，因此执行前必须确认该文件已存在，且为 utf-8 格式。如果文件中有数据，则将数据转换为字典格式后返回。如果文件中没有数据，则返回一个空字典，示例代码如下：

```
def read_data():
    # 读取文件
    with open('password.txt','r', encoding = 'UTF-8-sig') as f:
        filedata = f.read()
        if filedata != "":
            data = ast.literal_eval(filedata)
            return data
        else: return dict()
```

3. disp_data()函数

disp_data()函数用于显示账号和密码，data 为全局字典变量，使用 key,data[key]显示账号和密码，示例代码如下：

```
def disp_data():
    print("账号\t 密码")
    print("=================")
    for key in data:
        print("{}\t{}".format(key,data[key]))
    input("按任意键返回主菜单")
```

4. input_data()函数

input_data()函数用于输入账号和密码，如果账号已存在，则不允许重复输入，示例代码如下：

```
def input_data():
    while True:
        name =input("请输入账号(Enter==>停止输入)")
        if name=="": break
        if name in data:
            print("{}账号已存在!".format(name))
            continue
        password=input("请输入密码：")
        data[name]=password
```

```
with open('password.txt','w',encoding = 'UTF-8-sig') as f:
    f.write(str(data))
print("{}已保存完毕".format(name))
```

5．edit_data()函数

edit_data()函数用于修改密码，如果账号不存在，则不允许修改密码；输入新密码取代旧密码，并将数据写回文件，示例代码如下：

```
def edit_data():
    while True:
        name =input("请输入要修改的账号(Enter==>停止输入)")
        if name=="": break
        if not name in data:
            print("{} 账号不存在!".format(name))
            continue
        print("原密码为：{}".format(data[name]))
        password=input("请输入新密码：")
        data[name]=password
        with open('password.txt','w',encoding = 'UTF-8-sig') as f:
            f.write(str(data))
            input("密码更改完毕，请按任意键返回主菜单")
            break
```

6．delete_data()函数

delete_data()函数用于删除账号，如果账号不存在，则不允许删除。确认删除后，删除指定的账号，并将数据写回文件，示例代码如下：

```
def delete_data():
    while True:
        name =input("请输入要删除的账号(Enter==>停止输入)")
        if name=="": break
        if not name in data:
            print("{} 账号不存在!".format(name))
            continue
        print("确定删除{}的数据!：".format(name))
        yn=input("(Y/N)?")
        if (yn=="Y" or yn=="y"):
            del data[name]
            with open('password.txt','w',encoding = 'UTF-8-sig') as f:
                f.write(str(data))
                input("已删除完毕，请按任意键返回主菜单")
                break
```

7．主程序

主程序读取文本文件后转换为字典型数据，并存储到 data 变量中。根据 choice 的不同输

入值，执行相应的操作，示例代码如下：

```
### 主程序从这里开始 ###
import os,ast
data=dict()

data = ReadData()   # 读取文本文件后转换为字典型数据
while True:
    menu()
    choice = int(input("请输入您的选择: "))
    print()
    if choice==1:
        input_data()
    elif choice==2:
        disp_data()
    elif choice==3:
        edit_data()
    elif choice==4:
        delete_data()
    else:
        break

print("程序执行完毕! ")
```

8.6　习题

1．解释文本文件与二进制文件的区别。

2．解释 with open()函数与 open()函数的区别。

3．复制文件的函数位于哪个模块中？

4．输入一个列表，将其按降序排列之后输出到屏幕上，并存储到 sort.txt 文件中。

5．有一个 1.txt 文件，编写程序读取其内容，并将其中的大写字母改为小写字母，小写字母改为大写字母，1.txt 文件的内容如下：

It is never too old to learn.

There is no royal road to learning.

6．使用两种方法将 Python 创建的空文件 5.txt 分别重命名为 5-1.txt、5-2.txt。

7．编写程序，将当前工作目录修改为 "D:\"，并验证，再将当前工作目录恢复为原来的目录。

第 9 章　Python 基础实战

本章主要通过简单的小项目来巩固已学的知识，训练的技能要点如下。
- 能够理解程序的基本概念——程序、变量、数据类型。
- 学会使用顺序、选择、循环、跳转语句编写程序。
- 学会使用列表等组合数据类型。
- 学会定义类、创建和使用对象。
- 掌握调试技巧。

9.1　购物系统

下面我们来实现一个简单的购物系统。常见的购物系统可以分为系统登录模块、会员信息管理模块、购物管理模块和真情回馈模块等，各模块的功能如表 9-1 所示。

表 9-1　购物系统各模块的功能

模　　块	系统登录模块	会员信息管理模块	购物管理模块	真情回馈模块
功能	登录功能 修改管理员的密码	显示所有会员信息 统计会员年龄层次 添加会员信息 查询会员积分 系统积分年度升级	查询商品价格 购物结算计算 当月购物金额 设置特价商品	幸运抽奖 礼品馈赠 查找幸运会员

覆盖的技能要点包括：输入和输出、数据类型、运算符、类型转换、条件结构、调试技巧、循环结构、算法基础、OOP 基础等。

9.1.1　菜单实现

定义菜单类实现相关菜单功能，主要包括登录菜单、主菜单、客户信息管理菜单等。
系统登录菜单代码如下：

```python
class Menu(object):
    def __init__(self):
        # 商品信息
        self.goods = [None] * 50
        # 会员信息
        self.customers = [None] * 100
```

```
    # 传递数据库
    def setData(self, goods, customers):
        self.goods = goods
        self.customers = customers


    # 显示 MiniShop 管理系统的登录菜单
    def showLoginMenu(self):
        print("\n\t\t\t       欢迎使用  MiniShop  管理系统 \n")
        print("* * * * * * * * * * * * * * * * * * * *\n")
        print("\t\t\t 1. 登 录 系 统\n");
        print("\t\t\t 2. 更 改 管 理 员 密 码\n");
        print("\t\t\t 3. 退 出\n");
        print("* * * * * * * * * * * * * * * * * * * *\n");
        print("请选择，输入数字：");
```

系统登录菜单如图 9.1 所示。

图 9.1　系统登录菜单

系统主菜单代码如下：

```
    def showMainMenu(self):
        print("\n\t\t\t\t 欢迎使用 MiniShop 管理系统\n");
        print("* * * * * * * * * * * * * * * * * * * *\n");
        print("\t\t\t 1. 客 户 信 息 管 理\n");
        print("\t\t\t 2. 购 物 结 算\n");
        print("\t\t\t 3. 真 情 回 馈\n");
        print("\t\t\t 4. 注 销\n");
        print("* * * * * * * * * * * * * * * * * * * *\n");
        print("请选择，输入数字：");

        con = False;
        while not con:
            num = input();
```

```
    if num == "1":
        # 显示客户信息管理菜单
        self.showCustMMenu();
        break;
    elif num == "2":
        # 显示购物结算菜单
        from management.Pay import Pay
        pay = Pay();
        pay.setData(self.goods, self.customers);
        pay.calcPrice();
        break;
    elif num == "3":
        # 显示真情回馈菜单
        self.showSendGMenu();
        break;
    elif num == "4":
        self.showLoginMenu();
        break;
    else:
        print("输入错误，请重新输入数字：");
        con = False;
```

系统主菜单如图 9.2 所示。

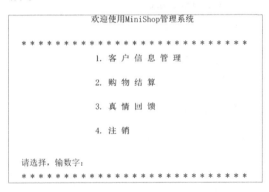

图 9.2　系统主菜单

客户信息管理菜单代码如下：

```
def showCustMMenu(self):
    print("MiniShop 管理系统 > 客户信息管理\n");
    print("* * * * * * * * * * * * * * * * * * * * * *\n");
    print("\t\t\t 1. 显 示 所 有 客 户 信 息\n");
    print("\t\t\t 2. 添 加 客 户 信 息\n");
    print("\t\t\t 3. 修 改 客 户 信 息\n");
    print("\t\t\t 4. 查 询 客 户 信 息\n");
    print("* * * * * * * * * * * * * * * * * * * * * *\n");
```

```
                print("请选择，输入数字或按'n'返回上一级菜单：");

                con = False;   # 处理如果输入菜单号错误
                while not con:
                    from management.CustManagement import CustManagement
                    cm = CustManagement();
                    cm.setData(self.goods, self.customers);
                    num = input();
                    con = True;
                    if num == "1":
                        cm.show();
                        break;
                    elif num == "2":
                        cm.add();
                        break;
                    elif num == "3":
                        cm.modify();
                        break;
                    elif num == "4":
                        cm.search();
                        break;
                    elif num == "n":
                        self.showMainMenu();
                        break;
                    else:
                        print("输入错误，请重新输入数字：");
                        con = False;
```

客户信息管理菜单如图 9.3 所示。

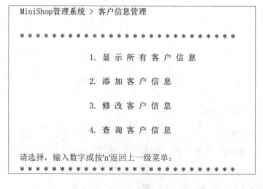

图 9.3　客户信息管理菜单

9.1.2　系统登录模块

系统登录功能代码如下：

```
if __name__ == '__main__':

    # 初始化商场的商品和客户信息
    initial = Data()

    # 进入系统
    menu = Menu()
    menu.setData(initial.goods, initial.customers)
    menu.showLoginMenu()

    # 菜单选择
    con = True
    while con:
        choice = int(input())
        pv = VerifyEqual()
        if choice == 1:
            # 密码验证
            for i in range(3, 0, -1):
                if pv.verify(initial.manager.username,
                                initial.manager.password):
                    menu.showMainMenu()
                    break
                elif i != 1:
                # 超过 3 次输入，退出系统
                    print("\n 用户名和密码不匹配，请重新输入：")
                else:
                    print("\n 您没有权限进入系统！谢谢！")
                    con = False
```

系统登录功能如图 9.4 所示。

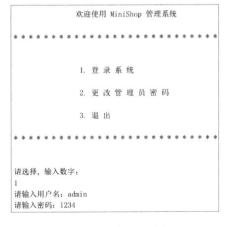

图 9.4　系统登录功能

修改管理员密码功能代码如下:

```
elif choice == 2:
    if pv.verify(initial.manager.username,
            initial.manager.password):
        name = input("请输入新的用户名：")
        pwd = input("请输入新的密码：")
        repwd = input("请再次输入新的密码：")
        if pwd == repwd:
            initial.manager.username = name
            initial.manager.password = pwd
            print("用户名和密码已更改！")
        else:
            print("两次密码不一致。")
        print("\n 请选择，输入数字：")
    else:
        print("抱歉，你没有权限修改！")
        con = False

elif choice == 3:
    print("谢谢您的使用！")
    con = False

else:
    print("\n 输入有误！请重新选择，输入数字：")

if not con:
    break
```

修改管理员密码功能如图 9.5 所示。

图 9.5　修改管理员密码功能

验证管理员的用户名和密码是否正确，代码如下:

```
class VerifyEqual(object):
    def verify(self, username, password):
        name = input("请输入用户名：")
        psw = input("请输入密码：")
        if name == username and password == psw:
            return True
        else:
            return False
```

9.1.3　会员信息管理模块

会员信息管理类（CustManagement）代码如下：

```
class CustManagement(object):
    # 商品信息
    goods = [None] * 50
    # 会员信息
    customers = [None] * 100

    # 传递数据库
    def setData(self, goods, customers):
        pass

    # 返回上一级菜单
    def returnLastMenu(self):
        pass

    # 循环增加会员
    def add(self):
        pass

    # 更改会员的信息
    def modify(self):
        pass

    # 查询会员的信息
    def search(self):
        pass

    # 显示所有的会员信息
    def show(self):
        pass

    # 统计会员年龄层次
```

```
        def AgeRate(self, ageline, num):
            pass
```

接下来分别实现 CustManagement 类的方法。

- setData()方法用于将外部数据绑定到实例对象中，示例代码如下：

```
    def setData(self, goods, customers):
        self.goods = goods
        self.customers = customers
```

- returnLastMenu()方法用于返回上一级菜单，由于返回上一级菜单是管理员经常需要进行的操作，所以单独写成一个方法便于简化代码，示例代码如下：

```
    def returnLastMenu(self):
        print("\n\n 请按'n'返回上一级菜单:")
        con = False
        while not con:
            con = True
            if input() == "n":
                from management.Menu import Menu
                menu = Menu()
                menu.setData(self.goods, self.customers)
                menu.showCustMMenu()
            else:
                print("输入错误，请重新按'n'返回上一级菜单：")
                con = False
```

- add()方法用于将会员信息添加到 CustManagement 类中，示例代码如下：

```
    def add(self):
        print("MiniShop 管理系统 > 客户信息管理 > 添加客户信息\n\n")
        con = "y"
        # 确定插入会员位置
        index = -1
        for i in range(len(self.customers)):
            if self.customers[i].custNo == 0:
                index = i
                break

        while "y" == con or "Y" == con:
            con = "n"
            # 循环输入会员信息
            no = int(input("请输入会员号(<4 位整数>)："))
            birth = input("请输入会员生日（月/日<用两位整数表示>）：")
            score = int(input("请输入积分："))
            # 如果会员号无效则跳出 if 循环语句
            if no < 1000 or no > 9999:
                print("客户号" + no + "是无效会员号！")
                print("输入信息失败\n")
```

```
                print("继续添加会员吗？（y/n）")
                con = input.next()
                continue
            # 添加会员
            self.customers[index].custNo = no
            self.customers[index].custBirth = birth
            self.customers[index].custScore = score
            index = index + 1
            print("新会员添加成功！")
            con = input("继续添加会员吗？（y/n）")
        self.returnLastMenu()
```

- modify()方法用于修改输入的会员信息，示例代码如下：

```
def modify(self):
    print("MiniShop 管理系统 > 客户信息管理 > 修改客户信息\n\n")
    no = int(input("请输入会员号："))
    print("　会员号　　　　　　生日　　　　　　　积分　　　")
    print("-----------|-----------|--------------")
    index = -1
    for i in range(len(self.customers)):
        if self.customers[i].custNo == no:
            print(str(self.customers[i].custNo) + "\t\t" +\
                self.customers[i].custBirth + "\t\t" +\
                str(self.customers[i].custScore))
            index = i
            break
    if index != -1:
        while True:
            print("* * * * * * * * * * * * * * * * * * * * * * * * *\n")
            print("\t\t\t1.修 改 会 员 生 日.\n")
            print("\t\t\t2.修 改 会 员 积 分.\n")
            print("* * * * * * * * * * * * * * * * * * * * * * * * *\n")

            shuzi = int(input("请选择，输入数字："))
            if shuzi == 1:
                print("请输入修改后的会员生日：")
                self.customers[index].custBirth = input()
                print("会员生日信息已更改！")
                break
            elif shuzi == 2:
                self.customers[index].custScore = int(input("请输入修改后的会员积分："))
                print("会员积分已更改！")
                break
```

```
            flag = input("是否修改其他属性(y/n)：")
            if "n" == flag:
                break
    else:
        print("抱歉，没有你查询的会员。")
    # 返回上一级菜单
    self.returnLastMenu()
```

- search()方法用于根据会员号查找会员信息，示例代码如下：

```
def search(self):
    print("MiniShop 管理系统 > 客户信息管理 > 查询客户信息\n")
    con = "y"
    while con == "y":
        no = int(input("请输入会员号："))
        print("   会员号          生日              积分       ")
        print("-----------|------------|--------------")
        isAvailable = False
        for i in range(len(self.customers)):
            if self.customers[i].custNo == no:
                print(str(self.customers[i].custNo) + "\t\t" +\
                    self.customers[i].custBirth + "\t\t" +\
                    str(self.customers[i].custScore))
                isAvailable = True
                break
        if not isAvailable:
            print("抱歉，没有你查询的会员信息。")
        con = input("\n 要继续查询吗(y/n)：")
    # 返回上一级菜单
    self.returnLastMenu()
```

- show()方法用于显示所有的会员信息，示例代码如下：

```
def show(self):
    print("MiniShop 管理系统 > 客户信息管理 > 显示客户信息\n\n")
    print("   会员号          生日              积分     ")
    print("-----------|------------|--------------")
    length = len(self.customers)
    for i in range(length):
        if self.customers[i].custNo == 0:
            break    # 客户信息已经显示完毕
        print(str(self.customers[i].custNo) + "\t\t" +\
            str(self.customers[i].custBirth) + "\t\t" +\
            str(self.customers[i].custScore))

    # 返回上一级菜单
```

```
            self.returnLastMenu()
```

- AgeRate()方法用于统计会员指定年龄界线的比例，示例代码如下：

```
def AgeRate(self, ageline, num):
    young = 0          # 记录年龄分界线以下会员的人数
    old = 0            # 记录年龄分界线以上会员的人数
    for i in range(num):
        age = int(input("请输入第" + str(i + 1) + "位会员的年龄："))
        if age <= ageline:
            young = young + 1
        else:
            old = old + 1
    print("{}岁及以下的比例是：{}%".format(ageline, young / num * 100))
    print("{}岁以上的比例是：{}%".format(ageline, (1 - young / num) * 100))
```

9.1.4　购物管理模块

购物管理类（Pay）代码如下：

```
class Pay(object):
    def __init__(self):
        # 商品信息
        self.goods = [None] * 50
        # 会员信息
        self.customers = [None] * 100

    # 传递数据库
    def setData(self, goods, customers):
        pass

    # 计算会员的折扣数目
    def getDiscount(self, curCustNo, customers):
        pass

    # 实现购物结算及输出购物小票
    def calcPrice(self):
        pass
```

- setData()方法用于将外部数据绑定到 Pay 类中，示例代码如下：

```
def setData(self, goods, customers):
    self.goods = goods
    self.customers = customers
```

- getDiscount()方法用于计算会员的折扣信息，示例代码如下：

```
def getDiscount(self, curCustNo, customers):
    index = -1
```

```python
        for i in range(len(self.customers)):
            if curCustNo == self.customers[i].custNo:
                index = i
                break
        if index == -1:    # 如果会员号不存在
            discount = -1
        else:
            # 判断折扣
            curscore = customers[index].custScore
            if curscore < 1000:
                discount = 0.95
            elif 1000 <= curscore and curscore < 2000:
                discount = 0.9
            elif 2000 <= curscore and curscore < 3000:
                discount = 0.85
            elif 3000 <= curscore and curscore < 4000:
                discount = 0.8
            elif 4000 <= curscore and curscore < 6000:
                discount = 0.75
            elif 6000 <= curscore and curscore < 8000:
                discount = 0.7
            else:
                discount = 0.6
        return discount
```

calcPrice()方法用于实现购物结算及输出购物小票，示例代码如下：

```python
    def calcPrice(self):
        goodsList = ""     # 购物清单
        total = 0          # 购物总金额

        print("MiniShop 管理系统 > 购物结算\n\n")
        # 打印产品清单
        print("***********************************")
        print("请选择购买的商品编号：")
        p = 0
        for i in range(len(self.goods)):
            if self.goods[i].goodsName != None:
                p = p + 1
                print(str(p) + ": " + self.goods[i].goodsName + "\t")
        print("***********************************\n")

        # 进入购入结算系统
        curCustNo = int(input("\t 请输入会员号："))
        discount = self.getDiscount(curCustNo, self.customers)
```

```python
        if discount == -1:
            print("会员号输入错误。")
        else:
            choice = "y"
            while choice == "y":
                choice = "n"
                goodsNo = int(input("\t 请输入商品编号："))   # 商品编号从 1 开始
                count = int(input("\t 请输入数目："))

                # 查询单价
                price = self.goods[goodsNo - 1].goodsPrice
                name = self.goods[goodsNo - 1].goodsName
                total = total + price * count

                # 连接购物清单
                goodsList = goodsList + "\n" + name + "\t" + "￥" + str(price) + "\t\t" +\str(count) + "\t\t" +
                            "￥" + str(price * count) + "\t"
                choice = input("\t 是否继续（y/n）")

            # 计算消费总金额
            finalPay = total * discount

            # 打印消费清单
            print("\n")
            print("＊＊＊＊＊＊＊＊＊＊＊＊＊＊消费清单＊＊＊＊＊＊＊＊＊＊＊＊＊＊＊
＊＊＊")

            print("物品\t\t" + "单价\t\t" + "个数\t\t" + "金额\t")
            print(goodsList)
            print("\n 折扣：\t" + str(discount))
            print("金额总计:\t" + "￥" + str(finalPay))
            payment = float(input("实际交费：\t￥"))
            print("找钱:\t" + "￥" + str(payment - finalPay))

            # 计算会员获得的积分
            score = int(finalPay / 100 * 3)

            # 更改会员积分
            for i in range(len(self.customers)):
                if self.customers[i].custNo == curCustNo:
                    self.customers[i].custScore = self.customers[i].custScore + score
                    print("本次购物所获得的积分是：  " + str(score))

    # 返回上一级菜单
```

```python
        print("\n 请按'n'返回上一级菜单：")
        if input() == "n":
            from management.Menu import Menu
            menu = Menu()
            menu.setData(self.goods, self.customers)
            menu.showMainMenu()
```

9.1.5　真情回馈模块

显示购物管理系统的真情回馈菜单功能，代码如下：

```python
def showSendGMenu(self):
    print(" 购物管理系统 > 真情回馈\n");
    print("* * * * * * * * * * * * * * * * * * * * * * * * * * \n");
    print("\t\t\t\t 1. 幸 运 大 放 送\n");
    print("\t\t\t\t 2. 幸 运 抽 奖\n");
    print("\t\t\t\t 3. 生 日 问 候\n");
    print("* * * * * * * * * * * * * * * * * * * * * * * * * * \n");
    print("请选择，输入数字或按'n'返回上一级菜单：");

    con = False;   # 处理如果输入菜单号错误

    from management.GiftManagement import GiftManagement
    gm = GiftManagement();
    gm.setData(self.goods, self.customers);
    while not con:
        num = input();
        con = True;
        if num == "1":
            # 幸运大放送
            gm.sendGoldenCust();
            break;
        elif num == "2":
            # 幸运抽奖
            gm.sendLuckyCust();
            break;
        elif num == "3":
            # 生日问候
            gm.sendBirthCust();
            break;
        elif num == "n":
            self.showMainMenu();
            break;
        else:
```

```
        print("输入错误，请重新输入数字：");
        con = False;
```

定义真情回馈类（GiftManagement）代码如下：

```
from data.Gift import Gift
from management.Menu import Menu

class GiftManagement(object):
    # 商品信息
    goods = [None] * 50
    # 会员信息
    customers = [None] * 100

    # 传递数据库
    def setData(self, goods, customers):
        self.goods = goods
        self.customers = customers

    # 返回上一级菜单
    def returnLastMenu(self):
        pass

    # 实现生日问候功能
    def sendBirthCust(self):
        pass

    # 产生幸运会员
    def sendLuckyCust(self):
        pass

    # 幸运大放送
    def sendGoldenCust(self):
        pass
```

- returnLastMenu()方法用于返回上一级菜单，示例代码如下：

```
def returnLastMenu(self):
    print("\n\n 请按'n'返回上一级菜单：")
    con = False
    while not con:
        con = True
        if input() == "n":
            menu = Menu()
            menu.setData(self.goods, self.customers)
            menu.showSendGMenu()
        else:
```

```
                print("输入错误，请重新按'n'返回上一级菜单：")
                con = False
```

- sendBirthCust()方法用于实现生日问候功能，示例代码如下：

```
def sendBirthCust(self):
    print("MiniShop 管理系统 > 生日问候\n\n")
    date = input("请输入今天的日期(月/日<用两位整数表示>)：")
    print(date)
    no = ""
    isAvailable = False
    for i in range(len(self.customers)):
        if self.customers[i].custBirth != None and self.customers[i]. custBirth == date:
            no = no + str(self.customers[i].custNo) + "\n"
            isAvailable = True
    if isAvailable:
        print("过生日的会员是：")
        print(no)
        print("恭喜！获赠你一个 MP3！")
    else:
        print("今天没有过生日的会员！")

    # 返回上一级菜单
    self.returnLastMenu()
```

- sendLuckyCust()方法用于产生幸运会员，示例代码如下：

```
def sendLuckyCust(self):
    print("MiniShop 管理系统 > 幸运抽奖\n\n")
    print("是否开始(y/n)：")
    if input() == "y":
        import random
        randomm = random.randint(0, 9)
        isAvailable = False
        list = ""
        for i in range(len(self.customers)):
            if self.customers[i].custNo == 0:
                break
            baiwei = self.customers[i].custNo // 100 % 10
            if baiwei == randomm:
                list = list + str(self.customers[i].custNo) + "\t"
                isAvailable = True

        if isAvailable:
            print("幸运客户获赠 MP3：" + list)
        else:
            print("无幸运客户。")
```

```
        # 返回上一级菜单
        self.returnLastMenu()
```

● sendGoldenCust()方法用于实现幸运抽奖，示例代码如下：

```
    def sendGoldenCust(self):
        print("MiniShop 管理系统 ＞ 幸运大放送\n\n")
        index = 0
        max = self.customers[0].custScore
        # 假设会员积分各不相同
        for i in range(len(self.customers)):
            if self.customers[i].custScore == 0:
                break    # 数组后面为空用户
            # 查找最高积分的会员
            if int(self.customers[i].custScore) > max:
                max = self.customers[i].custScore
                index = i
        print("具有最高积分的会员是：   " + str(self.customers[index].custNo) + "\t" +\self.customers[index].
custBirth + "\t" +\str(self.customers[index].custScore))
        # 创建笔记本电脑对象
        laptop = Gift("苹果笔记本电脑", 12000)
        print("恭喜！获赠礼品：   ")
        print(laptop.toString())

        # 返回上一级菜单
        self.returnLastMenu()
```

9.2　邮箱账号和密码检测

9.2.1　判断邮箱账号

下面以 163 邮箱为例进行介绍。邮箱账号一般分为两部分，前半部分是自定义字符串组合，后半部分是 163 邮箱的后缀，如果能把两部分分开，则对判断邮箱账号是否合法很有帮助，那么如何分开呢？

仔细观察邮箱账号的格式，会发现前后两部分是由@字符分开的，而且每个邮箱只有一个@字符，所以我们可以通过判断@字符数量判断邮箱账号是否合法，判断之后再通过@字符分割邮箱账号。

我们会经常用到以下两个字符串函数。

● str.count(string)：查找 str 字符串中包含 string 字符串的数量。

● str.split(char)：以 char 字符分割字符串并存入 list 列表中。

示例代码如下：

```
def devide(string):
    if string.count('@') == 1:
        return string.split('@')
    else:
        return False
a = '1234567@163.com'
b = '123@456@163.com'
print(devide(a))
print(devide(b))
```

运行结果为：

```
['1234567', '163.com']
False
```

将邮箱分成两部分之后，接下来就是判断两部分是否合法，后半部分的判断较为简单，只需要对比字符串是否与 "163.com" 相等即可，但是前半部分该如何判断呢？根据 163 邮箱注册规则，前半部分的字符串只能由字母、数字、下画线组成，且首字符必须是字母，字符串长度不少于 8 位且不多于 18 位，这样，我们就可以运用下列字符串函数。

- str.isalpha()：判断字符串 str 是否由纯字母组成，要判断首字符只需要使用 str[0].isalpha() 函数即可。
- str.__eq__(str2)：判断字符串 str 与 str2 是否相等。
- str.isalnum()：判断字符串是否由数字和字母组成。
- len(str)：计算字符串的长度。

通过上述方法，我们可以解决大部分问题。但是，如果存在下画线仅靠上述方法无法判断，那么该怎么办呢？我们可以使用 str.replace() 函数解决此类问题。

- str.replace(str1, str2)：将字符串中的 str1 字串替换成 str2 字串。

通过 str.replace() 函数，我们可以先将下画线去掉，再判断字符串是否只由字母、数字组成，即可以判断字符串是否合法。

示例代码如下：

```
def judgelen(string):
    if len(string) >= 8 and len(string) <= 18:
        return True
    else:
        return False


def judgeequal(string):
    if string.__eq__('163.com'):
        return True
    else:
        return False
```

```python
def judgehead(string):
    if string[0].isalpha():
        return True
    else:
        return False


def judgealnum(string):
    if string.isalnum():
        return True
    else:
        return False


def judgeunderline(string):
    string.replace('_', '')
    if string.isalnum():
        return True
    else:
        return False


def judge(string):
    data = devide(string)
    if not data:
        return False
    elif not judgelen(data[0]):
        return False
    elif not judgeequal(data[1]):
        return False
    elif not judgehead(data[0]):
        return False
    elif not judgealnum(data[0]):
        if not judgeunderline(data[0]):
            return False
        else:
            return True
    else:
        return True
```

下面通过几个示例测试注册的邮箱账号是否合法，示例代码如下：

```python
print(judge('a12345678@163.com'))
print(judge('abcdefgh@163.com'))
print(judge('abc_123456@163.com'))
print(judge('a123@163.com'))
print(judge('a12345678@dsfsf'))
print(judge('12345678@163.com'))
```

```
print(judge('a12345678.@163.com'))
```

运行结果为：

```
True
True
False
False
False
False
False
```

9.2.2 判断密码

根据 163 邮箱的密码规则，密码长度为 6 到 16 个字符，可以由任意字符组成。密码的限制条件较少，但是我们可以发现，密码有密码强度之分。由纯数字或纯字母组成的密码为弱级，数字与字母混合组成的密码为中级，数字、字母与符号混合组成的密码为强级。那么我们如何区分密码的强、中、弱呢？

我们要先判断密码是否为弱级，即判断密码是否由纯数字或纯字母组成。

- str.isnumeric()：判断字符串是否由数字组成。
- str.isalpha()：判断字符串是否由字母组成。

通过上面两个方法，我们可以判断密码等级是否为弱级，示例代码如下：

```
def judgeweak(string):
    if string.isnumeric() or string.isalpha():
        print("密码强度为弱")
        return False
    else:
        return True


psd1 = '123456789'
psd2 = 'abcdefghi'
psd3 = 'abc123456789'
judgeweak(psd1)
judgeweak(psd2)
judgeweak(psd3)
```

运行结果为：

```
密码强度为弱
密码强度为弱
True
```

下面我们判断密码等级是否为中级。这里使用前文介绍过的 str.isalnum()方法判断密码是否由数字和字母混合组成，示例代码如下：

```
def judgemiddle(string):
    if judgeweak(string):
```

```
        if string.isalnum():
            print("密码强度为中")
            return False
        else:
            return True

    psd1 = '123456789'
    psd1 = '123abc456789'
    judgemiddle(psd1)
    judgemiddle(psd2)
```

运行结果为：

```
密码强度为中
密码强度为弱
```

只要上面两个条件都通过，表示密码等级为强级，示例代码如下：

```
def judgestrong(string):
    if judgemiddle(string):
        print("密码强度为强")

psd1 = '123456789'
psd2 = '123abc456789'
psd3 = '123456789abc.'
judgestrong(psd1)
judgestrong(psd2)
judgestrong(psd3)
```

运行结果为：

```
密码强度为弱
密码强度为中
密码强度为强
```

为密码加上长度限制，示例代码如下：

```
def judgelen(string):
    if len(string)<6 or len(string)>16:
        print("密码长度不合法")
        return False
    else:
        return True

psd1 = '123'
psd2 = '123456789'
judgelen(psd1)
judgelen(psd2)
```

运行结果为：

密码长度不合法
True

9.2.3　封装类

至此，我们已经完成 163 邮箱账号和密码的判断。但是为了日后使用更加方便，我们可以将这些账号和密码的判断方法单独封装到类中。

判断账号的 judgeaccount 类的代码如下：

```python
class judgeaccount:

    def __init__(self, account):
        self.account = account

    def devide(self, string):
        if string.count('@') == 1:
            return string.split('@')
        else:
            return False

    def judgelen(self, string):
        if len(string) >= 8 and len(string) <= 18:
            return True
        else:
            return False

    def judgeequal(self, string):
        if string.__eq__('163.com'):
            return True
        else:
            return False

    def judgehead(self, string):
        if string[0].isalpha():
            return True
        else:
            return False

    def judgealnum(self, string):
        if string.isalnum():
            return True
        else:
            return False
```

```python
    def judgeunderline(self, string):
        if string.replace('_', '').isalnum():
            return True
        else:
            return False


    def judge(self):
        data = devide(self.account)
        if not data:
            return False
        elif not judgelen(data[0]):
            return False
        elif not judgeequal(data[1]):
            return False
        elif not judgehead(data[0]):
            return False
        elif not judgealnum(data[0]):
            if not judgeunderline(data[0]):
                return False
            else:
                return True
        else:
            return True
```

通过以下代码进行测试：

```python
    acc1 = '123456789'
    acc2 = 'a123456789@163.com'
    ja1 = judgeaccount(acc1)
    ja2 = judgeaccount(acc2)
    print(ja1.judge())
    print(ja2.judge())
```

运行结果为：

```
    False
    True
```

判断密码的 judgepassword 类的代码如下：

```python
    class judgepassword:
        def __init__(self, password):
            self.password = password


        def judgelen(self):
            if len(self.password) < 6 or len(self.password) > 16:
                print("密码长度不合法")
                return False
```

```
        else:
            return True

    def judgeweak(self):
        if self.password.isnumeric() or self.password.isalpha():
            print("密码强度为弱")
            return False
        else:
            return True

    def judgemiddle(self):
        if self.judgeweak():
            if self.password.isalnum():
                print("密码强度为中")
                return False
            else:
                return True

    def judgestrong(self):
        if self.judgemiddle():
            print("密码强度为强")

    def judgepsd(self):
        if self.judgelen():
            self.judgestrong()
```

通过以下代码进行测试：

```
psd1 = '123456789'
psd2 = '123abc456789'
psd3 = '123456789ac.'
psd4 = '123'
jp1 = judgepassword(psd1)
jp2 = judgepassword(psd2)
jp3 = judgepassword(psd3)
jp4 = judgepassword(psd4)
jp1.judgepsd()
jp2.judgepsd()
jp3.judgepsd()
jp4.judgepsd()
```

运行结果为：

```
密码强度为弱
密码强度为中
密码强度为强
密码长度不合法
```

9.2.4　保存文件

我们得出结果之后，还可以将结果保存到文件中。首先我们要在 Jupyter Notebook 文件的相同路径下新建 result.txt 文件，然后运行如下代码：

```python
def saveaccountresult(accountlist):
    file = open('result.txt', 'w')
    if len(accountlist) != 0:
        j = judgeaccount(accountlist[0])
        for i in range(len(accountlist)):
            j.account = accountlist[i]
            file.write(j.judge())
        file.close()
```

打开 result.txt 文件，我们可以看到判断结果。这里也可以把保存文件的代码封装到类中，读者可以自行尝试。

第10章　爬虫开发

网络爬虫是一个程序，根据 URL 进行获取网页信息。它的核心内容包括爬虫网页和解析数据。难点是爬虫和反爬虫之间的博弈。目前，有很多种爬虫语言，Python 的特点是语法简洁、对新手友好且学习成本低、支持的模块非常多、有 scrapy 非常强大的爬虫框架。

网络爬虫主要有通用爬虫和定向爬虫。通用爬虫主要有谷歌、百度等搜索引擎，核心功能包括访问网页、获取数据、数据存储、数据处理、提供检索服务，主要以核心算法为主导，学习成本相对较高；缺点是获取的数据大多是无用的，不能根据用户的需求来精准获取数据。

定向爬虫就是根据需求，实现爬虫程序，获取需要的数据，是有目的性的爬虫，学习成本相对较低。其原理为网页都有自己唯一的 URL；网页由 HTML 组成；传输协议都是 HTTP或 HTTPS。

其设计思路如下。

- 获取 URL：确定要获取的 URL。
- 访问：模拟浏览器通过 HTTP 协议访问 URL，获取服务器返回的 HTML 代码。
- 解析：解析 HTML 字符串（根据一定规则提取需要的数据）。

本章主要介绍定向爬虫，在编写爬虫程序时，程序员需要设定好爬虫规则和获取目标。

10.1　准备

10.1.1　HTTP 协议

HTTP（HyperText Transfer Protocol，超文本传输协议）是客户端浏览器与 Web 服务器之间的通信协议，用来实现服务器和客户端的信息传输。在 Internet 中的 Web 服务器上存放的都是超文本信息，客户机需要通过 HTTP 协议传输所要访问的超文本信息。

HTTP 通信中的请求（Request）与应答（Response）是基本的通信模式。客户端与服务器连接成功后，会向服务器提出某种请求，随后服务器会对此请求做出应答并切断连接。HTTP 通信如图 10.1 所示。

HTTP 请求由 3 部分组成，分别是请求行、请求首部、请求体，请求首部和请求体是可选的，并不是每个请求都需要的。HTTP 请求如图 10.2 所示。

响应行同样也由 3 部分组成，分别是服务端支持的 HTTP 协议版本号、状态码及对状态码的简短原因描述。状态码是响应行中很重要的一个字段。通过状态码，客户端可以知道服务器是否在正常处理请求。如果状态码是 200，则说明客户端的请求处理成功。如果状态码是 500，则说明服务器处理请求时出现了异常。如果状态码是 404，则表示请求的资源在服务器找不到。本章不再详细介绍其他的状态码，有兴趣的读者可以自行查阅资料学习。

图 10.1　HTTP 通信

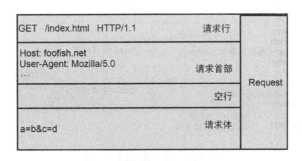

图 10.2　HTTP 请求

请求首部用于对响应内容的补充，在请求首部里面可以告知客户端响应体的数据类型、响应内容返回的时间、响应体是否压缩了、响应体最后一次修改的时间。

请求体是服务器返回的真正内容，它可以是一个 HTML 页面，或者是一张图片、一段视频等。

10.1.2　URL

URL（Uniform Resource Locator，统一资源定位符）是用于完整地描述 Internet 上网页和其他资源的地址的一种标识方法，实现互联网资源的定位统一标识。Internet 上的每一个网页都具有一个唯一的名称标识，通常称为 URL 地址，又称为网址，如 http://www. baidu.com。URL 是通过 HTTP 协议存取资源的 Internet 路径，一个 URL 对应一个数据资源。

URL 主要由 3 部分组成：协议类型、存放资源的域名或主机 IP 地址和资源文件名。语法格式如下：

```
protocol://hostname[:port]/path/[;parameters][?query]#fragment
```

部分参数说明如下。

- protocol（协议）：指定使用的传输协议，最常用的是 HTTP 协议，另外还有 FILE 协议、FTP 协议等。
- hostname（主机名）：是指存放资源的服务器的域名或 IP 地址。
- port（端口号）：为可选项，省略时使用默认端口，各种常用的传输协议都有默认的端口号，如 HTTP 协议的默认端口号是 80。
- path（路径）：由多个"/"隔开字符串，一般用于表示主机上的一个目录或文件地址。

10.1.3　HTML

HTML（Hyper Text Markup Language，超文本标记语言）是构成网页文档的主要语言。它能够把存储在一台计算机中的文本或资源与另一台计算机中的文本或资源方便地联系在一起，从而形成有机的整体。

HTML 的基本结构由头部（head）和主体（body）两部分组成，头部包括网页标题（title）等基本信息，主体包括网页的内容信息（如文本、图片等），标签都以"◇"开始，"</>"结束，要求成对出现，并且标签之间要有缩进，体现层次感，以便用户阅读和修改。HTML 的基本结构如图 10.3 所示。

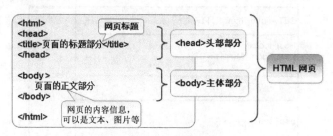

图 10.3　HTML 的基本结构

- HTML 标签分为块级标签和行级标签。块级标签按"块"显示，行级标签按"行"逐一显示。
- 基本的块级标签包括段落标签<p>、标题标签<h1>～<h6>、水平线标签<hr>等。
- 常用于布局的块级标签包括无序列表标签<ul>、有序列表标签<ol>、定义列表标签<dl>、分区标签<div>等。
- 在实际应用中，常使用以下 4 种块状结构。
  - ➢ div-ul(ol)-li：常用于分类导航或菜单等场合。
  - ➢ div-dl-dt-dd：常用于图文混编场合。
  - ➢ table-tr-td：常用于规整数据的显示。
  - ➢ form-table-tr-td：常用于表单布局的场合。
- 行级标签包括图片标签<img>、范围标签<span>、换行标签
等。当插入图片时，要求"src"和"alt"属性必选，"title"和"alt"属性推荐同时使用。
- 编写 HTML 文档注意遵守 W3C 相关标准，W3C 提倡内容和结构分离，HTML 结构具有语义化。

10.1.4　爬行策略与 Robots 协议

1. 网络爬虫引发的问题

网络爬虫既能获取网络上的资源，又可能带来很多严重的问题。我们现在常用的网络爬虫，按照尺寸可以划分为三大类，如表 10-1 所示。

表 10-1　网络爬虫分类

规　模	获 取 速 度	获 取 范 围	解 决 方 案
小规模，数据量小	不敏感	网页	Requests 库
中规模，数据规模较大	敏感	网站	Scrapy 库
大规模，搜索引擎	关键	全网	定制开发

编写网络爬虫可能带来如下问题。

（1）性能骚扰。

Web 服务器默认接收人类访问，受限于编写水平和目的，网络爬虫将会为 Web 服务器带来巨大的资源开销。

（2）法律风险。

服务器上的数据具有产权归属，使用网络爬虫获取数据后牟利将带来法律风险。

（3）隐私泄露。

网络爬虫可能具备突破简单访问控制的能力，获取被保护的数据，从而泄露个人隐私。

2．爬虫的限制

- 来源审判：判断 User‐Agent 进行限制，检查来访 HTTP 协议请求头的 User‐Agent 字段，只响应浏览器或友好爬虫的访问。
- 发布公告：Robots 协议，告知所有爬虫网站的获取策略，要求爬虫遵守。

Robots（Robots Exclusion Standard，网络爬虫排除标准）协议的作用：用于网站告知网络爬虫哪些页面可以获取，哪些页面不可以获取。其形式为在网站根目录下存储 robots.txt 文件。例如，我们可以尝试查看百度网站的 Robots 协议。在地址栏中输入：http://www.baidu.com/robots.txt，百度的 Robots 协议如图 10.4 所示。

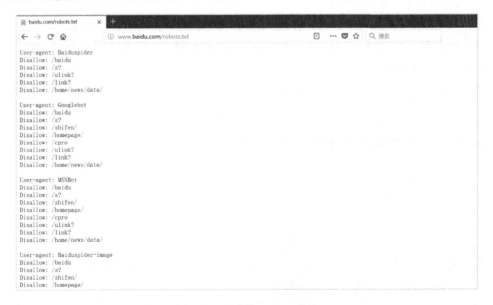

图 10.4　百度的 Robots 协议

Robots 协议的基本语法为：用#表示注释；用*表示所有；用/代表根目录。

3．Robots 协议的遵守方式

- 网络爬虫：自动或人工识别 robots.txt，再进行内容获取。
- 约束性：建议用户遵守 Robots 协议，但非约束性，网络爬虫可以不遵守 Robots 协议，但存在法律风险。

Robots 协议的遵守方式如表 10-2 所示。

表 10-2　Robots 协议的遵守方式

获 取 网 页	访问量很小	可以遵守
	访问量较大	建议遵守
获 取 网 站	非商业利益	建议遵守
	商业利益	必须遵守
获 取 全 网	必须遵守	

只有我们自觉遵守网络爬虫的协议，才能营造更好的网络环境，为大家提供更好的服务。

10.1.5　使用 Chrome 分析网站

浏览器是从事编程开发人员必备的开发工具，Chrome 开发者工具的主要作用是进行 Web 开发调试，包含查看器、控制台和网络等。90%的网站分析可以在网络标签页上完成。

一般分析网站最主要是找到数据的来源，确定数据来源就能确定数据生成的具体方法，大致步骤如下。

（1）找到数据来源，大部分数据来源于 DOC、XHR 和 JS 标签。

（2）找到数据所在的请求，分析其请求链接、请求方式和请求参数。

（3）查找并确定请求参数来源。

此方法可以起到指导作用，具体问题还要具体分析。

以分析豆瓣读书为例，打开 https://book.douban.com 网页，按 F12 键打开 Chrome 开发者工具，如图 10.5 所示。

图 10.5　Chrome 开发者工具

用户通过查看器标签页可以看到浏览器渲染页面所需要的 HTML、CSS 和 DOM 对象，同时还可以编辑内容，更改页面显示效果。

查看器左上角的 ⌕ 按钮可以用于快速查找网页元素，单击该按钮后，在网页上某一处单击，就会自动显示并选中该元素在 HTML 中的位置。

网络标签页是核心部分，用户可以看到页面向服务器请求的信息、请求的大小及加载请

求花费的时间，网络标签页结构组成如图 10.6 所示。

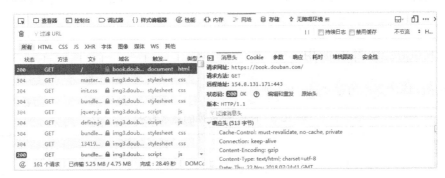

图 10.6　网络标签页结构组成

第一行可以进行 URL 过滤等操作。

第二行可以控制请求表具体显示哪些内容，包括 HTML、CSS、JS、XHR 和图片等。

第三行是核心部分，主要作用是记录每个请求信息。但每次网站出现刷新时，请求列表会清空并记录最新的请求信息。对于每条请求信息，用户可以单击查看该请求的详细信息，如图 10.7 所示。

图 10.7　查看请求的详细信息

每条请求信息可以划分为以下标签。

- 消息头：该请求的 HTTP 头信息，消息头用于获取请求链接、请求方式、请求头和请求参数内容等。
- Cookie：显示 HTTP 协议的 Request 和 Response 过程中的 Cookie 信息。
- 响应：显示 HTTP 协议的 Response 信息，是服务器返回的结果。如果返回的结果是图片，则可以进行图片预览。
- 耗时：显示请求在整个生命周期中各部分花费的时间。

此外还有参数、堆栈跟踪和安全性。

10.2　Requests 库

Requests 是 Python 的一个很实用的 HTTP 客户端库，满足了网络爬虫基本需求。Requests 库实现了 HTTP 协议中绝大部分功能，它提供的功能包括 Keep-Alive、连接池、Cookie 持久化、内容自动解压、HTTP 代理、SSL 认证、连接超时、Session 等特性。

10.2.1 Requests 库的导入

安装了 anaconda 后自动包含 Requests 库，如果没有安装 anaconda，则可以通过 pip install requests 命令进行安装。Requests 库有两个重要对象：Response 和 Request。

通过 Requests 库的 get()方法构造一个向服务器请求资源的 Request 对象，然后返回一个包含服务器资源的 Response 对象。

```
import requests
r = requests.get('http://www.baidu.com')
print(r)
```

运行结果为：

```
<Response [200]>
```

测试结果返回一个 Response 对象，Response 对象包含爬虫返回的内容，状态码为 200 表示成功。如果想要了解更多的 Requests 库的信息，则可以访问 http://www.python-requests.org 来查看。

10.2.2 Requests 库的使用

Requests 库的基本方法如表 10-3 所示。

表 10-3　Requests 库的基本方法

方　　法	说　　明
requests.request()	构造一个请求，是以下各方法的基础方法
requests.get()	获取 HTML 网页的主要方法，对应于 HTTP 协议的 GET 请求
requests.head()	获取 HTML 网页头信息的方法，对应于 HTTP 协议的 HEAD 请求
requests.post()	向 HTML 网页提交 POST 请求的方法，对应于 HTTP 协议的 POST 请求
requests.put()	向 HTML 网页提交 PUT 请求的方法，对应于 HTTP 协议的 PUT 请求
requests.patch()	向 HTML 网页提交局部修改请求的方法，对应于 HTTP 协议的 PATCH 请求
requests.delete()	向 HTML 页面提交删除请求的方法，对应于 HTTP 协议的 DELETE 请求

Response 对象包含服务器返回的所有信息，也包含请求的 Request 信息。Response 对象的属性如表 10-4 所示。

表 10-4　Response 对象的属性

属　　性	说　　明
r.status_code	HTTP 请求的返回状态，状态码为 200 表示连接成功，状态码为 404 表示连接失败
r.text	HTTP 响应内容的字符串形式，即 URL 对应的页面内容
r.encoding	从 HTTP 响应的头部信息中获取的响应内容编码方式
r.apparent_encoding	从 HTTP 响应的内容中分析出的响应内容编码方式（备选编码方式）
r.headers	HTTP 响应的头文件
r.content	HTTP 响应内容的二进制形式

示例代码如下：

```
import requests
r = requests.get('http://www.baidu.com')
print(r.status_code)
print(type(r))
print(r.headers)
print(r.apparent_encoding)
```

Response 对象包含服务器返回的所有信息，也包含请求的 Request 信息。

当获取 r.text 时，返回的内容可能会出现乱码，原因是 Response 的编码出现了错误。我们可以通过 r.encoding 和 r.apparent_encoding 来获取和设置编码方式。

r.encoding：如果 header 中不存在 charset，则认为编码为 ISO-8859-1，r.text 根据 r.encoding 显示网页内容。

r.apparent_encoding：根据网页内容分析出编码方式，它可以是 r.encoding 的备选项。

将编码方式改为 utf-8 即可解决上述问题。

```
r.encoding = 'utf-8'
print(r.text)
```

网络连接有风险，异常处理很重要。Requests 库的异常处理如表 10-5 所示

表 10-5　Requests 库的异常处理

异　　　常	说　　　明
requests.ConnectionError	网络连接错误异常，如 DNS 查询失败、拒绝连接等
requests.HTTPError	HTTP 协议错误异常
requests.URLRequired URL	缺失异常
requests.TooManyRedirects	超过最大重定向次数，产生重定向异常
requests.ConnectTimeout	连接远程服务器超时异常
requests.Timeout	请求 URL 超时，产生超时异常

r.raise_for_status()在方法内部判断 r.status_code 是否等于 200，如果不等于 200，则产生 requests.HTTPError 异常，不需要增加额外的 if 循环语句，该循环语句便于利用 try...except 进行异常处理。

下面编写一个获取网页的通用代码框架，代码如下：

```
import requests
def getHTMLText(url):
    try:
        r=requests.get(url,timeout=30)
        r.raise_for_status()
        r.encoding=r.apparent_encoding
        return r.text
    except:
        return "产生异常"
```

```
if __name__=="__main__":
        url="http://www.baidu.com"
    print(getHTMLText(url))
```

运行结果为（省略部分内容）：

```
<!DOCTYPE html>
<!--STATUS OK--><html>…使用百度前必读</a>  <a href=http:// jianyi.baidu.com/ class=cp-
feedback>意见反馈</a> 京 ICP 证 030173 号  <img src=//www.baidu.com/img/gs.gif> </p> </div>
</div> </div> </body> </html>
```

如果请求的 URL 有问题，则会自动捕获异常，示例代码如下：

```
url="http://www.baidu.co"
print(getHTMLText(url))
```

运行结果为：

```
产生异常
```

Requests 库针对每个 HTTP 协议都有相应的方法，如表 10-6 所示。

表 10-6　HTTP 协议请求和 Requests 库方法

协 议 请 求	说　　明	Requests 库方法	功能一致性
GET	请求获取 URL 位置的资源	requests.get()	一致
HEAD	请求获取 URL 位置资源的响应消息报告，即获取该资源的头部信息	requests.head()	一致
POST	请求向 URL 位置的资源后面附加新的数据	requests.post()	一致
PUT	请求向 URL 位置存储一个资源，覆盖原 URL 位置的资源	requests.put()	一致
PATCH	请求局部更新 URL 位置的资源，即改变该处资源的部分内容	requests.patch()	一致
DELETE	请求删除 URL 位置存储的资源	requests.delete()	一致

Requests 库方法详细说明如下。

1．requests.request(method, url, **kwargs)方法

requests.request()方法构造一个 Request 对象并发送给服务器请求资源，返回一个 Response 对象。参数说明如下。

- method：请求方式，对应 get、put、post 等 7 种。
- url：获取页面的 URL 链接。
- **kwargs：控制访问的参数，共有 13 个参数，均为可选项。
  - ➢ params：字典或字节序列，作为参数增加到 URL 中。
  - ➢ data：字典、字节序列或文件对象，作为 Request 的内容。
  - ➢ json：JSON 格式的数据，作为 Request 的内容。
  - ➢ headers：字典，HTTP 定制头。
  - ➢ cookies：字典或 CookieJar，Request 中的 cookies。

> ➢ auth：元组，支持 HTTP 协议认证功能。
> ➢ files：字典类型，传输文件。
> ➢ timeout：设定超时时间，单位为秒。
> ➢ proxies：字典类型，设定访问代理服务器，可以增加登录认证。
> ➢ allow_redirects：True/False，默认值为 True，重定向开关。
> ➢ stream：True/False，默认值为 True，获取内容立即下载开关。
> ➢ verify：True/False，默认值为 True，认证 SSL 证书开关。
> ➢ cert：本地 SSL 证书路径。

由于访问控制多数是以**开头的，当对上面 13 个字段中的任何一个使用时，需要用命名方法来调入它的参数：param=xxx 的方法。

2．requests.get(url)方法

requests.get()方法通过构造一个向服务器请求资源的 Request 对象，得到返回一个包含服务器资源的 Response 对象。其完整方法为 requests.get(url, params=None, **kwargs)，带有 3 个参数。参数说明如下。

url：获取页面的 URL 链接。

params：URL 中的额外参数，字典或字节流格式，为可选项。

**kwargs：12 个控制访问的参数。

3．requests.head(url, **kwargs)方法

requests.head()方法通过构造一个向服务器发出一个 Request 对象并向服务器提出 HTTP HEAD 请求，返回一个 Response 对象。参数说明如下。

- url：获取页面的 URL 链接。
- **kwargs：12 个控制访问的参数。

4．requests.post(url, data=None, json=None, **kwargs)方法

requests.post()方法通过构造一个向服务器发出一个 Request 对象并向服务器提出 HTTP POST 请求，返回一个 Response 对象。参数说明如下。

- url：更新页面的 URL 链接。
- data：字典、字节序列或文件，Request 的内容。
- json：JSON 格式的数据，Request 的内容。
- **kwargs：12 个控制访问的参数。

5．requests.put(url, data=None, **kwargs)方法

requests.put()方法通过构造一个向服务器发出一个 Request 对象并向服务器提出 HTTP PUT 请求，返回一个 Response 对象。参数说明如下。

- url：更新页面的 URL 链接。
- data：字典、字节序列或文件，Request 的内容。
- **kwargs：12 个控制访问的参数。

6．requests.patch(url, data=None, **kwargs)方法

requests.patch()方法通过构造一个向服务器发出一个 Request 对象并向服务器提出 HTTP PATCH 请求，返回一个 Response 对象。参数说明如下。

- url：更新页面的 URL 链接。
- data：字典、字节序列或文件，Request 的内容。
- **kwargs：12 个控制访问的参数。

7．requests.delete(url, **kwargs)方法

delete()方法通过构造一个向服务器发出一个 Request 对象并向服务器提出 HTTP DELETE 请求，返回一个 Response 对象。参数说明如下。

- url：删除页面的 URL 链接。
- **kwargs：12 个控制访问的参数。

10.3 信息标记和提取方法

标记后的信息可以形成信息组织结构，增加了信息维度。标记的结构与信息一样具有重要价值。标记后的信息可用于通信、存储或展示。标记后的信息更利于人们对程序的理解和运用。

10.3.1 信息标记的三种形式

HTML 是 WWW（World Wide Web）的信息组织方式，HTML 通过预定义的<>...</>标签形式组织不同类型的信息。信息标记的其他形式包括 XML、JSON 和 YAML 等。

1．XML

XML（Extensible Markup Language，扩展标记语言）是一种以标签来标记信息的形式，它是基于 HTML 语言发展出的通用形式，基本语法格式如下：

```
<name>...</name>、<name />、<!-- -->
```

示例代码如下：

```
<college>
    <name>南昌大学软件学院</name>
    <address>
        <streetAddr>南京东路 235 号</streetAddr >
        <city>南昌市</city>
    </address>
    <speciality>software engineering</speciality>
    <speciality>information safety</information safety >
</college>
```

2．JSON

JSON（JavaScript Object Notation，JavaScript 对象标记语言）是有类型的键值对（用双引号标记信息类型）构建的信息表达形式，基本语法格式如下：

```
"key":"value"
"key":["value1","value2"]
"key":{"subkey1":"subvalue1","subkey2":"subvalue2"}
```

示例代码如下：

```
{
    "name":"南昌大学软件学院",
    "address":{
        "streetAddr":"南京东路 235 号",
        "city":"南昌市"
    },
    "speciality":["software engineering","information safety"]
}
```

3．YAML

YAML（Ain't Markup Language，无类型键值对标记语言）是一种无类型的键值对构建信息的表达形式，基本语法格式如下：

```
# 用缩进格式表达所属关系
key:
    subkey1: subvalue1
    subkey2: subvalue2

# 用并列格式表达并列关系
key:
    value1
    value2

#|表示数据是块数据，#表示注释
key: |                    # comment
```

示例代码如下：

```
name: 南昌大学软件学院
    address:
        streetAddr: 南京东路 235 号
        city: 南昌市
        speciality:
            software engineering
            information safety
```

三种信息标记形式的比较如表 10-7 所示。

表 10-7 三种信息标记形式的比较

形 式	特 点	应 用 场 合
XML	最早的通用信息标记语言，可扩展性好，但烦琐	Internet 上的信息交互与传递
JSON	信息有类型，适合程序处理，比 XML 简洁	移动应用云端和节点的信息通信，无注释
YAML	信息无类型，文本信息比例最高，可读性好	各类系统的配置文件，有注释且易读

10.3.2 信息提取的一般方法

从标记后的信息中提取所关注的内容的方法如下。

1．形式解析

完整解析信息的标记形式，再提取关键信息，需要标记解析器，如 BeautifulSoup 库的标签树遍历。

优点：信息解析准确。

缺点：提取过程烦琐，速度慢。

2．搜索解析

无视标记形式，直接搜索关键信息，对信息文本执行查找函数即可。

优点：提取过程简洁，速度较快。

缺点：提取结果准确性与信息内容相关。

3．融合解析

结合形式解析与搜索解析，提取关键信息，需要标记解析器及文本查找函数。

例如，我们想提取 HTML 中所有 URL 链接，可以按照以下思路进行操作。

（1）搜索所有<a>标签。

（2）解析<a>标签格式，提取 href 后的链接内容。

下面是采用 BeautifulSoup 库实现的代码，下一节我们将学习如何使用 BeautifulSoup 库：

```
from bs4 import BeautifulSoup
r = requests.get('http://www.baidu.com')
r.encoding = 'utf-8'
soup   = BeautifulSoup(r.text, 'html.parser')
for link in soup.find_all('a'):
    print(link.get('href'))
```

运行结果为（省略部分结果）：

```
http://news.baidu.com
http://www.hao123.com
.....
http://www.baidu.com/duty/
http://jianyi.baidu.com/
```

10.4　数据提取 BeautifulSoup 库

BeautifulSoup 也被称为 beautifulsoup4 或 bs4，是一个 HTML 的解析器，主要功能是解析和提取数据。它具有接口设计人性化、使用方便等优点。可以使用以下语句安装：

```
pip install beautifulsoup4
```

BeautifulSoup 库是解析、遍历、维护"标签树"的功能库。BeautifulSoup 库对应一个 HTML/XML 文档的全部内容。HTML 文档示例如下：

```
<html>
    <body>
        <p class="title">...</p>
    </body>
</html>
```

约定引用方式如下，即主要是使用 BeautifulSoup 类：

```
from bs4 import BeautifulSoup
```

10.4.1　BeautifulSoup 库解析器

使用以下语句可以创建 BeautifulSoup 对象：

```
soup = BeautifulSoup('<html>data</html>', 'html.parser')
print(soup)
```

运行结果为：

```
<html>data</html>
```

BeautifulSoup 库对应一个 HTML/XML 文档的全部内容。BeautifulSoup 库解析器如表 10-8 所示。

表 10-8　BeautifulSoup 库解析器

解 析 器	使 用 方 法	条 件
BeautifulSoup 的 HTML 解析器	BeautifulSoup(mk,'html.parser')	安装 BeautifulSoup 库
lxml 的 HTML 解析器	BeautifulSoup(mk,'lxml')	pip install lxml
lxml 的 XML 解析器	BeautifulSoup(mk,'xml')	pip install lxml
html5lib 的解析器	BeautifulSoup(mk,'html5lib')	pip install html5lib

10.4.2　BeautifulSoup 类的基本元素

BeautifulSoup 类的基本元素如表 10-9 所示。

表 10-9　BeautifulSoup 类的基本元素

基 本 元 素	说 明
Tag	标签，最基本的信息组织单元，分别用<>...</>标明开头和结尾
Name	标签的名字，<p>...</p>的名字是'p'，格式：<tag>.name

续表

基 本 元 素	说　　明
Attributes	标签的属性，字典形式组织，格式：.attrs
NavigableString	标签内非属性字符串，<>中的字符串，格式：.string
Comment	标签内字符串的注释部分，一种特殊的 Comment 类型

首先把百度首页请求下来，然后使用 BeautifulSoup 库解析，示例代码如下：

```
from bs4 import BeautifulSoup
import requests

r = requests.get('http://www.baidu.com')
r.encoding = 'utf-8'

soup    = BeautifulSoup(r.text, 'html.parser')
```

下面来对 BeautifulSoup 类的基本元素进行详细说明。

1．Tag 标签

任何存在于 HTML 语法中的标签都可以用 soup.<标签名>访问获取，当 HTML 文档中存在多个相同对应内容时，soup.<标签名>返回第 1 个对应内容，示例代码如下：

```
print(soup.title)
print(soup.a)
```

运行结果为：

```
<title>百度一下，你就知道</title>
<a class="mnav" href="http://news.baidu.com" name="tj_trnews">新闻</a>
```

2．Tag 的 name（名字）

每个标签都有自己的名字，通过<标签名>.name 获取，为字符串类型，示例代码如下：

```
print(soup.a.name)
print(soup.a.parent.name)
```

运行结果为：

```
a
div
```

3．Tag 的 attrs（属性）

一个标签可以有 0 或多个属性，为字典类型，示例代码如下：

```
print(soup.a.attrs)
print(soup.a.attrs['href'])
print(type(soup.a))
print(type(soup.a.attrs))
```

运行结果为：

```
{'href': 'http://news.baidu.com', 'name': 'tj_trnews', 'class': ['mnav']}
```

http://news.baidu.com
<class 'bs4.element.Tag'>
<class 'dict'>

4．Tag 的 NavigableString（文本）

标签的 NavigableString 可以获取标签内部的文本，示例代码如下：

```
print(soup.a)
print(soup.a.string)
print(type(soup.a.string))
```

运行结果为：

```
<a class="mnav" href="http://news.baidu.com" name="tj_trnews">新闻</a>
新闻
<class 'bs4.element.NavigableString'>
```

10.4.3　基于 BeautifulSoup 库的 HTML 内容遍历方法

如前文所述，HTML 的标签基本上都是成对出现的。<>…</>构成了所属关系，形成了标签的树形结构，如图 10.8 所示。

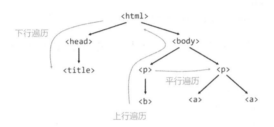

图 10.8　标签的树形结构

1．标签树的下行遍历

标签树的下行遍历属性如表 10-10 所示。

表 10-10　标签树的下行遍历属性

属　　性	说　　明
.contents	子节点的列表，将所有儿子节点存入列表
.children	子节点的迭代类型，与.contents 类似，用于循环遍历儿子节点
.descendants	子孙节点的迭代类型，包含所有子孙节点，用于循环遍历

示例代码如下：

```
print(soup.body.contents)
print(len(soup.body.contents))
print(soup.body.contents[1])
```

遍历所有的儿子节点可以使用如下代码：

```
for child in soup.body.children:
```

```
        print(child)
```

遍历所有的子孙节点可以使用如下代码：

```
for child in soup.body.descendants:
        print(child)
```

2．标签树的上行遍历

标签树的上行遍历属性如表 10-11 所示。

表 10-11　标签树的上行遍历属性

属　　性	说　　明
.parent	节点的父亲标签
.parents	节点先辈标签的迭代类型，用于循环遍历先辈节点

示例代码如下：

```
print(soup.title.parent)
print(soup.title.parents)
```

运行结果为：

```
<link  href=http://s1.bdstatic.com/r/www/cache/bdorz/baidu.min.css  rel="stylesheet"  type="text/css">
<title>百度一下，你就知道</title></link>
        <generator object parents at 0x000001BC6684FE60>
```

通过以下代码遍历所有先辈节点。注意遍历结果包括 soup 本身，所以要区别判断，否则会报错：

```
for parent in soup.title.parents:
        if parent is None:
                print(parent)
        else:
                print(parent.name)
```

运行结果为：

```
link
meta
meta
meta
head
html
[document]
```

3．标签树的平行遍历

标签树的平行遍历属性如表 10-12 所示，平行遍历发生在同一个父节点下的各节点之间。

表 10-12　标签树的平行遍历属性

属　　性	说　　明
.next_sibling	返回按照 HTML 文本顺序的下一个平行节点标签

续表

属　　性	说　　明
.previous_sibling	返回按照 HTML 文本顺序的上一个平行节点标签
.next_siblings	迭代类型，返回按照 HTML 文本顺序的后续所有平行节点标签
.previous_siblings	迭代类型，返回按照 HTML 文本顺序的前续所有平行节点标签

示例代码如下：

```
print(soup.a)
print(soup.a.parent)
print(soup.a.next_sibling)
print(soup.a.next_sibling.next_sibling)
```

运行结果为（结果经过格式化和省略处理）：

```
<a class="mnav" href="http://news.baidu.com" name="tj_trnews">新闻</a>
<div id="u1">
    <a class="mnav" href="http://news.baidu.com" name="tj_trnews">新闻</a>
    <a class="mnav" href="http://www.hao123.com" name="tj_trhao123"> hao123</a>          <a class="mnav" href="http://map.baidu.com" name="tj_trmap">地图</a>
    <a class="mnav" href="http://v.baidu.com" name="tj_trvideo">视频</a>
    <a class="mnav" href="http://tieba.baidu.com" name="tj_trtieba">贴吧</a>
</div>

<a class="mnav" href="http://www.hao123.com" name="tj_trhao123"> hao123</a>
```

可以看到 soup.a 的内容是"新闻"（即第 1 个 a 标签），那为什么 soup.a.next_sibling 看起来没有内容呢？这是因为 a 标签后面有空格，解析时会把空格当作 a 标签的兄弟节点，所以 soup.a.next_sibling.next_sibling 才是 hao123 标签。有时我们使用 BeautifulSoup 库解析网页，结果不符合预期很有可能就是这个原因。

我们也可以直接遍历兄弟节点，示例代码如下：

```
# 遍历后续节点
for sibling in soup.a.next_sibling:
    print(sibling)
# 遍历前续节点
for sibling in soup.a.previous_sibling:
    print(sibling)
```

10.4.4　基于 BeautifulSoup 库的 HTML 格式输出

上面解析后的 HTML 代码比较杂乱，不方便我们阅读。BeautifulSoup 库的 prettify()方法可以让 HTML 内容更加"友好"的显示。

prettify()方法可以为 HTML 文本及其内容增加换行，返回格式化后的字符串。prettify()方法用于标签，语法格式如下：

```
<tag>.prettify()
```

示例代码如下：

```
print(soup.a.parent.prettify())
```

运行结果为（省略部分运行结果）：

```
<div id="u1">
 <a class="mnav" href="http://news.baidu.com" name="tj_trnews">
  新闻
 </a>
 <a class="mnav" href="http://www.hao123.com" name="tj_trhao123">
  hao123
 </a>
 <a class="mnav" href="http://map.baidu.com" name="tj_trmap">
  地图
 </a>
 <a class="mnav" href="http://v.baidu.com" name="tj_trvideo">
  视频
 </a>
 <a class="mnav" href="http://tieba.baidu.com" name="tj_trtieba">
  贴吧
 </a>
</div>
```

10.4.5 基于 BeautifulSoup 库的 HTML 内容查找方法

1. 查找方法

BeautifulSoup 库的 HTML 内容查找一般有以下 3 种方法。
- find()：BeautifulSoup 库中的 find()方法会返回一个对象，对象中包含了查到的所有信息。
- find_all()：BeautifulSoup 库中的 find_all()方法会返回一个列表，列表包含了网页中的所有信息。
- select()：在使用 BeautifulSoup 库中的 select()方法时需要一个选择器，select()方法会根据选择器中的内容对网页内容进行查找，并通过一个列表返回，列表中包含了所有查找结果。

在 CSS 中，选择器是一种模式，用于选择需要添加样式的元素。选择器主要分为属性选择器和层次选择器。
- 属性选择器：根据元素的属性及属性值来选择元素。
- 层次选择器：通过 HTML 中的 DOM 元素之间的层次关系获取元素，主要层次关系有后代、父子、相邻兄弟和通用兄弟。

select 选择器接受一个以字符串表示的路径"//div[@class]"，select()方法通过选择器的路径获取网页中的指定内容。选择器一般通过 3 种标识寻找内容，分别是元素（element）、类名（class）、标签标识（id）。而这 3 种标识在选择器中的写法如下。
- 元素（element）：选择器写法为"element"，如 select('python')，即选择网页中的所有

<python>元素。

- 类名（class）：选择器写法为"`.class`"，如 select('.python')，即选择网页中的所有<class = "python">的元素。
- 标签标识（id）：选择器写法为"`#id`"，如 select('#python')，即选择网页中的所有<id = "python">元素。

另外，介绍 BeautifulSoup 库中的两个属性。

- contents：返回的是一个列表，存储<p>标签下的所有内容。
- descedants：返回的是一个生成器，对 tag 的所有子孙节点进行递归循环遍历。

2．使用方法

（1）了解 HTML DOM 结构。

（2）将网页读入 BeautifulSoup 库中，示例代码如下：

```
from bs4 import BeautifulSoup
sample = '<html>\
    <body>\
        <h1 id="title">软件学院</h1>\
        <a href="#" class="link">软件工程</a>\
        <a href="# link2" class="link">信息安全</a>\
    <body>\
</html>'
soup = BeautifulSoup(sample, "html.parser")
print(soup.text)
```

运行结果为：

```
软件学院 软件工程 信息安全
```

（3）找出所有含有特定标签的 HTML 元素。

使用 select()方法找出含有 h1 标签的元素，示例代码如下：

```
header = soup.select('h1')
print(header)
```

运行结果为：

```
[<h1 id="title">软件学院</h1>]
```

使用 select()方法找出含有 a 标签的元素，示例代码如下：

```
alink = soup.select('a')
print(alink)
```

运行结果为：

```
[<a class="link" href="#">软件工程</a>, <a class="link" href="# link2">信息安全</a>]
```

（4）找出含有特定 CSS 属性的元素。

使用 select()方法找出所有 id 为 title 的元素（id 前面需要添加#），示例代码如下：

```
link1 = soup.select('#title')
```

```
        print(link1)
```

运行结果为：

```
[<h1 id="title">软件学院</h1>]
```

使用 select() 方法找出所有 class 为 link 的元素（class 前面需要添加 .），示例代码如下：

```
for link in soup.select('.link'):
        print(link)
```

运行结果为：

```
<a class="link" href="#">软件工程</a>
<a class="link" href="# link2">信息安全</a>
```

使用 select() 方法找出所有 a 标签内的 href 链接内容，示例代码如下：

```
alinks = soup.select('a')
for link in alinks:
        print(link['href'])
```

运行结果为：

```
#
# link2
```

除了使用 select() 方法，还可以使用 find_all() 方法来对内容进行查找。

find_all() 方法的语法格式如下：

```
soup.find_all(name,attrs,recursive,string,**kwargs)
```

find_all() 方法通过参数搜索对象中（使用 soup 变量表示对象）相应的信息，以列表形式返回查找结果。下面来通过一些示例详细解释 find_all() 方法的用法。

- find_all('name') 方法。

以列表形式返回所有的 name 标签，示例代码如下：

```
soup.find_all('a')
```

运行结果为：

```
[<a class="mnav" href="http://news.baidu.com" name="tj_trnews">新闻</a>,
 <a class="mnav" href="http://www.hao123.com" name="tj_trhao123">hao123</a>,
 <a class="mnav" href="http://map.baidu.com" name="tj_trmap">地图</a>,
 <a class="mnav" href="http://v.baidu.com" name="tj_trvideo">视频</a>,
 <a class="mnav" href="http://tieba.baidu.com" name="tj_trtieba">贴吧</a>,
 <a class="lb" href="http://www.baidu.com/bdorz/login.gif?login&amp;tpl=mn&amp;u=
http%3A%2F%2Fwww.baidu.com%2f%3fbdorz_come%3d1" name="tj_login">登录</a>,
 <a class="bri" href="//www.baidu.com/more/" name="tj_briicon" style="display: block;">更多产品
</a>,
 <a href="http://home.baidu.com">关于百度</a>,
 <a href="http://ir.baidu.com">About Baidu</a>,
 <a href="http://www.baidu.com/duty/">使用百度前必读</a>,
 <a class="cp-feedback" href="http://jianyi.baidu.com/">意见反馈</a>]
```

- find_all('name','attrs_value')方法。

以列表形式返回 name 标签中属性值包含 attrs_value 的所有标签，示例代码如下：

```
soup.find_all('a','bri')
```

运行结果为：

```
[<a class="bri" href="//www.baidu.com/more/" name="tj_briicon" style= "display: block;">更多产品</a>]
```

- find_all(id='value1')方法。

以列表形式返回 id 属性中值为 value1 的所有标签，示例代码如下：

```
soup.find_all(id='cp')
```

运行结果为：

```
[<p  id="cp">©2017 Baidu <a  href="http://www.baidu.com/duty/"> 使 用 百 度 前 必 读 </a>  <a class="cp-feedback" href="http://jianyi.baidu.com/"> 意 见 反 馈 </a> 京  ICP  证  030173  号  <img src="//www.baidu.com/img/gs.gif"> </img></p>]
```

- find_all('name', recursive=True)方法。

默认值为 True，表示默认对 soup 对象的子孙节点进行搜索；False 表示只搜索 soup 对象的子节点，示例代码如下：

```
soup.find_all('a', recursive=False)
```

运行结果为：

```
[]
```

- find_all(string="Data")方法。

以列表形式返回包含 Data 的所有内容为 "Data" 的元素，示例代码如下：

```
soup.find_all(string='关于百度')
```

运行结果为：

```
['关于百度']
```

也可以利用正则表达式对内容进行匹配，示例代码如下：

```
import re
soup.find_all(string=re.compile('百度'))
```

运行结果为：

```
['百度一下，你就知道', '关于百度', '使用百度前必读']
```

- 其他方法。

<tag>(...)等价于<tag>.find_all(...)，soup(...)等价于 soup.find_all(...)。

以下 7 种扩展方法与 soup.find_all()方法具有相同语法格式。

➢ find()：搜索且只返回一个结果，同 find_all()参数。

➢ find_parent()：在先辈节点中搜索，返回列表类型，同 find_all()参数。

➢ find_parent()：在先辈节点中返回一个结果，同 find()参数。

➢ find_next_siblings()：在后续平行节点中搜索，返回列表类型，同 find_all()参数。

➢ find_next_sibling()：在后续平行节点中返回一个结果，同 find()参数。

> find_previous_siblings()：在前续平行节点中搜索，返回列表类型，同 find_all()参数。
> find_previous_sibling()：在前续平行节点中返回一个结果，同 find()参数。

10.4.6 二手房房产信息获取

获取思路如下。
（1）确定获取目标。
（2）采用 Requests 库获取数据。
（3）采用 BeautifulSoup 库获取信息。
具体实现步骤如下。

（1）首先利用 requests.get()方法获取网页的所有信息，其次通过 BeautifulSoup()方法将网页内容放入 soup 对象中以进行信息筛选，再次通过 find_all()方法找到所有 class 名为 float1 的 dt 标签，最后通过 select()方法获取这些标签中的所有房产信息的链接并打印出来，示例代码如下：

```
import requests
from bs4 import BeautifulSoup

r = requests.get("http://sh.esf.fang.com/integrate/")
domain = "http://sh.esf.fang.com/"
domain1 = "?channel=2,2"
soup = BeautifulSoup(r.text, 'html.parser')
for house in soup.find_all('dt', attrs={'class':'floatl'}):
    url = domain + house.select('a')[0]['href'] + domain1
    print(url)
    print("==========================================")
```

运行结果为（取前 5 条）：

```
http://sh.esf.fang.com//chushou/3_383030640.htm?channel=2,2
==========================================
http://sh.esf.fang.com//chushou/3_381890738.htm?channel=2,2
==========================================
http://sh.esf.fang.com//chushou/3_375407268.htm?channel=2,2
==========================================
http://sh.esf.fang.com//chushou/3_384248285.htm?channel=2,2
==========================================
http://sh.esf.fang.com//chushou/3_372467296.htm?channel=2,2
```

（2）获取房产信息的链接之后，还要将这些链接中的房产信息提取出来，通过 getHouseDetail()方法提取出信息后保存在 houseary 中，并将 hourseary 通过 pandas.DataFrame()方法转化为可打印的格式并打印出来，示例代码如下：

```
import requests
import pandas
```

```
from bs4 import BeautifulSoup

def getHouseDetail(url):
    info = {}
    res = requests.get(url)
    soup = BeautifulSoup(res.text,'html.parser')

    mumber = []
    c = soup.select('.clearfix div span')
    for c in soup.select('.clearfix div span'):
        if '\n' not in c.text.strip():
            mumber.append(c.text.strip().split())
    j = mumber[1::2]
    o = mumber[::2]
    dict = zip(o,j)
    for info in dict:
        print (info)
    return info

houseary = []
r = requests.get("http://sh.esf.fang.com/integrate/")
domain = "http://sh.esf.fang.com/"

domain1 = "?channel=2,2"

soup = BeautifulSoup(r.text, 'html.parser')

for house in soup.find_all('dt', attrs={'class':'floatl'}):
    url = domain + house.select('a')[0]['href'] + domain1
    houseary.append(getHouseDetail(url))

print(len(houseary))
df = pandas.DataFrame(houseary)
print(df)
```

运行结果如图 10.9 所示。

单价	地上 层数 (共 3 层)	建筑 面积	总价	户 型	朝 向	标题	楼层 (共 11 层)	楼层 (共 12 层)	楼层 (共 13 层)	…	楼层 (共 33 层)	楼层 (共 35 层)	楼层 (共 39 层)	楼层 (共 3 层)	楼层 (共 5 层)

图 10.9　运行结果

10.5　正则表达式——Re 库入门

正则表达式是一个特殊的字符序列，它能帮助用户更方便地检查一个字符串是否与某种模式匹配。re 模块使 Python 拥有全部的正则表达式功能。同时，re 模块也提供了与这些方法功能完全一致的函数，这些函数使用一个模式字符串作为它们的第 1 个参数。

10.5.1 正则表达式简介

正则表达式是对字符串操作的一种逻辑公式，就是用事先定义好的一些特定字符及这些特定字符的组合，组成一个"规则字符串"，这个"规则字符串"用于表达对字符串的一种过滤逻辑。正则表达式的最大优势就是简洁。正则表达式可以用于判断某字符串的特征归属。

正则表达式在说明一组具有某些特点的字符串的使用。例如，py[^py]{0,10}表示"py" 开头后续存在不多于 10 个字符且后续字符不能是 "p"或"y"。

正则表达式在文本处理中十分常用，如表达文本类型的特征（病毒、入侵等）；同时查找或替换一组字符串；匹配全部字符串或部分字符串。

正则表达式语法由字符和操作符构成，例如：

P(Y|YT|YTH|YTHO)?N

正则表达式的常用操作符如表 10-13 所示。

表 10-13 正则表达式的常用操作符

操作符	说　　明	示　　例
.	表示任何单个字符	
[]	字符集，对单个字符给出取值范围	[abc]表示 a、b、c
[^]	非字符集，对单个字符给出排除范围	[^abc]表示非 a 或 b 或 c 的单个字符
*	前一个字符 0 次或无限次扩展	abc*表示 ab、abc、abcc、abccc 等
+	前一个字符 1 次或无限次扩展	abc+表示 abc、abcc、abccc 等
?	前一个字符 1 次或 8 次扩展	abc?表示 ab、abe
|	左右表达式任意一个	abc|def 表示 abc、def
{m}	扩展前一个字符 m 次	ab{2}c 表示 abbc
{m,n}	扩展前一个字符 m 至 n 次（含 n）	ab{1,2}c 表示 abc、abbc
$	匹配字符串结尾	abc$表示 abc 且在一个字符串的结尾
^	匹配字符串开头	^abc 表示 abc 且在一个字符串的开头
()	分组标记，内部只能使用|操作符	(abc)表示 abc，(abc I def)表示 abc. def
\d	数字，等价于[0-9]	
\w	单词字符，等价于[A-Za-z0-9]	

例如：

P(Y|YT|YTH|YTHO)?N，对应的字符串'PN'、'PYN'、'PYTN'、'PYTHN'、'PYTHON'。

PYTHON+，对应的字符串'PYTHON'、'PYTHONN'、'PYTHONN' …。

PY{:3}N，对应的字符串'PN'、'PYN'、'PYYN'、'PYYYN。

还有一些经典的正则表达式示例如表 10-14 所示。

表 10-14 经典的正则表达式示例

正则表达式	对 应 内 容
^[A - Za - z]+$	由 26 个字母组成的字符串

续表

正则表达式	对 应 内 容
^[A‐Za‐z0‐9]+$	由 26 个字母和数字组成的字符串
^‐?\d+$	整数形式的字符串
^[0‐9]*[1‐9][0‐9]*$	正整数形式的字符串
[1‐9]\d{5}	国内邮政编码，6 位
\d{3}‐\d{8}|\d{4}‐\d{7}	国内电话号码，010‐68913536

10.5.2　Re 库的基本使用

re 模块是 Python 的内置模块，主要用于字符串匹配，导入方式如下：

```
import re
```

正则表达式的表示类型：raw string 类型（原始字符串类型）。

Re 库采用 raw string 类型表示正则表达式，即表示为 r'text '，如 r'[1-9]\d{5}'。

raw string 类型是不包含对转义符再次转义的字符串。当正则表达式包含转义符时，使用 raw string 类型。此外，Re 库也可以采用 string 类型表示正则表达式，但更烦琐，如'[1-9]\\d{5}'.

Re 库的主要功能函数如下。

- re.search()：在一个字符串中搜索匹配正则表达式的第 1 个位置，返回 match 对象。
- re.match()：从一个字符串的开始位置起匹配正则表达式，返回 match 对象。
- re.findall()：搜索字符串，以列表类型返回全部能匹配的子字符串。
- re.split()：将一个字符串按照正则表达式匹配结果进行分割，返回列表类型
- re.finditer()：搜索字符串，返回一个匹配结果的迭代类型，每个迭代元素是 match 对象。
- re.sub()：在一个字符串中替换所有匹配正则表达式的子字符串，返回替换后的字符串。

下面对这些函数进行详细介绍。

1．re.search()函数

re.search(pattern, string, flags=0)函数用于在一个字符串中搜索匹配正则表达式的第 1 个位置，返回 match 对象，参数说明如下。

pattern：正则表达式的字符串或原始字符串表示。

string：待匹配字符串。

flags：正则表达式使用时的控制标记。

示例代码如下：

```
match = re.search(r'[1-9]\d{5}', 'NCU 330000')
if match:
    print(match.group(0))
```

运行结果为：

```
330000
```

2．re.match()函数

re.match(pattern, string, flags=0)函数用于从一个字符串的开始位置起匹配正则表达式，返回 match 对象，参数说明如下。

pattern：正则表达式的字符串或原始字符串表示。

string：待匹配字符串。

flags：正则表达式使用时的控制标记。

示例代码如下：

```
match = re.match(r'[1-9]\d{5}', '330000 NCU')
if match:
    print(match.group(0))
```

运行结果为：

```
330000
```

3．re.findall()函数

re.findall(pattern, string, flags=0)函数用于搜索字符串，以列表类型返回全部能匹配的子字符串，参数说明如下。

pattern：正则表达式的字符串或原始字符串表示。

string：待匹配字符串。

flags：正则表达式使用时的控制标记。

示例代码如下：

```
ls = re.findall(r'[1-9]\d{5}', 'NCU 330000 TSU100084')
print(ls)
```

运行结果为：

```
['330000', '100084']
```

4．re.split()函数

re.split(pattern, string, maxsplit=0, flags=0)函数用于将一个字符串按照正则表达式匹配结果进行分割，返回列表类型，参数说明如下。

pattern：正则表达式的字符串或原始字符串表示。

string：待匹配字符串。

maxsplit：最大分割数，剩余部分作为最后一个元素输出。

flags：正则表达式使用时的控制标记。

示例代码如下：

```
print(re.split(r'[1-9]\d{5}', 'NCU 330000 TSU100084'))
print(re.split(r'[1-9]\d{5}', 'NCU 330000 TSU100084',maxsplit=1))
```

运行结果为：

```
['NCU ', ' TSU', '']
['NCU ', ' TSU100084']
```

5．re.finditer()函数

re.finditer(pattern, string, flags=0)函数用于搜索字符串，返回一个匹配结果的迭代类型，每个迭代元素是 match 对象，参数说明如下。

pattern：正则表达式的字符串或原始字符串表示。

string：待匹配字符串。

flags：正则表达式使用时的控制标记。

示例代码如下：

```
for m in re.finditer(r'[1-9]\d{5}', 'NCU330000 TSU100084'):
    if m:
        print(m.group(0))
```

运行结果为：

```
330000
100084
```

6．re.sub()函数

re.sub(pattern, repl, string,count=0, flags=0)函数用于在一个字符串中替换所有匹配正则表达式的子串，返回替换后的字符串，参数说明如下。

pattern：正则表达式的字符串或原始字符串表示。

repl：替换匹配字符串的字符串。

string：待匹配字符串。

count：匹配的最大替换次数。

flags：正则表达式使用时的控制标记。

示例代码如下：

```
print(re.sub(r'[1-9]\d{5}','邮编', 'NCU 330000 TSU100084'))
```

运行结果为：

```
NCU 邮编 TSU 邮编
```

上面所介绍的都是函数式用法，特点是一次性操作。我们可以采用面向对象用法，将正则表达式的字符串编译成正则表达式对象后，可以进行多次操作，示例代码如下：

```
regex = re.compile(pattern, flags=0)
```

参数说明如下。

pattern：正则表达式的字符串或原始字符串表示。

flags：正则表达式使用时的控制标记。

示例代码如下：

```
pat = re.compile(r'[1-9]\d{5}')
ncu = pat.search('NCU 330000')
print(ncu)
tsu = pat.search('TSU100084')
print(tsu)
```

运行结果为：

```
<_sre.SRE_Match object; span=(4, 10), match='330000'>
<_sre.SRE_Match object; span=(3, 9), match='100084'>
```

10.5.3　Re 库的 match 对象

match 对象是一次匹配的结果，包含匹配的很多信息，re.match 会尝试从字符串的起始位置匹配一个模式，如果不是起始位置匹配成功，则 re.match() 就返回 none。

语法格式如下：

```
re.match(pattern, string, flags=0)
```

参数说明如下。

- pattern：匹配的正则表达式。
- string：要匹配的字符串。
- flags：标志位，用于控制正则表达式的匹配方式，如是否区分字母大小写、多行匹配等。

match 对象的属性如下。

- .string：待匹配的文本。
- .re：匹配时使用的 patter 对象（正则表达式）。
- .pos：正则表达式搜索文本的开始位置。
- .endpos：正则表达式搜索文本的结束位置。

match 对象的方法如下。

- .group()：获取匹配后的字符串。
- .start()：匹配字符串在原始字符串的开始位置。
- .end()：匹配字符串在原始字符串的结束位置。
- .span()：返回(.start()，.end())。

示例代码如下：

```
m = re.search(r'[1-9]\d{5}', 'NCU330000 TSU100084')
print(m.string)
print(m.re)
print(m.pos)
print(m.group(0))
print(m.start())
```

运行结果为：

```
NCU330000 TSU100084
re.compile('[1-9]\\d{5}')
0
330000
3
```

10.5.4　Re 库的匹配

Re 库有两种匹配，贪婪匹配和最小匹配。

1．贪婪匹配

Re 库默认采用贪婪匹配，即输出匹配最长的子字符串，示例代码如下：

```
match = re.search(r'PY.*N', 'PYANBNCNDN')
match.group(0)
```

运行结果为：

```
'PYANBNCNDN'
```

2．最小匹配

假如有一段文本，用户只想匹配最短的子字符串，而不是最长的子字符串。那么如何输出最短的子字符串呢？示例代码如下：

```
match = re.search(r'PY.*?N', 'PYANBNCNDN')
match.group(0)
```

运行结果为：

```
'PYAN'
```

最小匹配操作符如表 10-15 所示。

表 10-15　最小匹配操作符

操 作 符	说　　明
*?	前一个字符 0 次或无限次扩展，最小匹配
+?	前一个字符 1 次或无限次扩展，最小匹配
??	前一个字符 0 次或 1 次扩展，最小匹配
{m,n}?	扩展前一个字符 m 至 n 次（含 n 次），最小匹配

要想修改匹配模式，可以通过在操作符后面增加"？"变成最小匹配。

10.6　综合练习

10.6.1　网站电影获取

本示例主要函数设计如下。

- getHTMLText(url)：建立与目标网站的连接，判断访问状态。如果状态码为 200，则表示访问正常，并且返回页面内容。
- get_one_page(html)：获取每一部电影的网页地址，利用 append()方法将获取的所有网址加入 info 列表，返回 info。
- getDetail(info)：获取每个网页的具体内容，对获取的内容进行解析，获取影片详细信息。

具体实现步骤如下。

（1）分析网页结构，编写 getHTMLText(url)函数。

由 HTML 中的信息可知，它们都在 id=info 的 div 标签下，使用 dd.text.strip()获取文字。然后根据 ":" 和 "\n" 进行分割，将它们存入字典中，如图 10.10 所示。

图 10.10　网站电影页面结构

示例代码如下：

```python
from bs4 import BeautifulSoup
import requests


def getHTMLText(url):
    # 网站
    info = {}
    header = {"User-Agent": "Chrome/68.0.3440.106"}
    r = requests.get(url, headers=header)
    soup = BeautifulSoup(r.text, 'html.parser')
    for dd in soup.select('#info'):
        if '\n' in dd.text.strip():
            for i in range(0, len(dd.text.strip().split('\n'))):
                key, value = dd.text.strip().split('\n')[i].split(':')
                info[key] = value
    print(info)


getHTMLText('https://movie.douban.com/subject/27615441/')
```

运行结果为：

{'导演': ' 阿尼什·查甘蒂','编剧': ' 阿尼什·查甘蒂 / 赛弗·奥哈尼安','主演': ' 约翰·赵 / 米切尔·拉

/ 黛博拉·梅辛 / 约瑟夫·李 / 萨拉·米博·孙 / 亚历克丝·杰恩·高 / 刘玥辰 / 刘卡雅 / 多米尼克·霍夫曼 / 西尔维亚·米纳西安 / 梅丽莎·迪斯尼 / 康纳·麦克雷斯 / 科林·伍德尔 / 约瑟夫·约翰·谢尔勒 / 阿什丽·艾德纳 / 考特尼·劳伦·卡明斯 / 托马斯·巴布萨卡 / 朱莉·内桑森 / 罗伊·阿布拉姆森 / 盖奇·比尔托福 / 肖恩·奥布赖恩 / 瑞克·萨拉比亚 / 布拉德·阿布瑞尔 / 加布里埃尔·D·安吉尔', '类型': ' 剧情 / 悬疑 / 惊悚 / 犯罪', '制片国家/地区': ' 美国 / 俄罗斯', '语言': ' 英语', '上映日期': ' 2018-12-14(中国) / 2018-01-20(圣丹斯电影节) / 2018-08-24(美国)', '片长': ' 102 分钟', '又名': ' 搜索 / 屏幕搜索', 'IMDb 链接': ' tt7668870'}

（2）编写 getMovieDetail()函数。

我们获取了单个的电影信息后，现在要做的就是获取所有的电影资料。创建一个 getMovieDetail()函数，返回的是字典 info{}。这里给出一个电影的网址，会得到相应结果。需要注意的是，为了以防获取到错误的链接而导致出现错误，要先判断网页中的内容是否存在我们需要的标签，可以使用 if soup.select('#wrapper h1 span') != []语句进行判断。如果有这个标签，则证明链接正确，可以获取信息；否则返回空列表。

示例代码如下：

```python
def getMovieDetail(url):
    info = {}
    header = {"User-Agent": "Chrome/68.0.3440.106"}
    r = requests.get(url, headers=header)
    soup = BeautifulSoup(r.text, 'html.parser')
    if soup.select('#wrapper h1 span') != []:
        info['电影名'] = soup.select('#wrapper h1 span')[0].text.strip()
        for dd in soup.select('#info'):
            if '\n' in dd.text.strip():
                for i in range(0, len(dd.text.strip().split('\n'))):
                    key,value=dd.text.strip().split('\n')[i].split(':',1)
                    info[key] = value
        return info
    else:
        return []


getMovieDetail('https://movie.douban.com/subject/27615441/')
```

运行结果为：

```
{'电影名': '网络谜踪  Searching',
 '导演': ' 阿尼什·查甘蒂',
 '编剧': ' 阿尼什·查甘蒂 / 赛弗·奥哈尼安',
 '主演': ' 约翰·赵 / 米切尔·拉 / 黛博拉·梅辛 / 约瑟夫·李 / 萨拉·米博·孙 / 亚历克丝·杰恩·高 / 刘玥辰 / 刘卡雅 / 多米尼克·霍夫曼 / 西尔维亚·米纳西安 / 梅丽莎·迪斯尼 / 康纳·麦克雷斯 / 科林·伍德尔 / 约瑟夫·约翰·谢尔勒 / 阿什丽·艾德纳 / 考特尼·劳伦·卡明斯 / 托马斯·巴布萨卡 / 朱莉·内桑森 / 罗伊·阿布拉姆森 / 盖奇·比尔托福 / 肖恩·奥布赖恩 / 瑞克·萨拉比亚 / 布拉德·阿布瑞尔 / 加布里埃尔·D·安吉尔',
 '类型': ' 剧情 / 悬疑 / 惊悚 / 犯罪',
 '制片国家/地区': ' 美国 / 俄罗斯',
```

'语言': ' 英语',
'上映日期': ' 2018-12-14(中国) / 2018-01-20(圣丹斯电影节) / 2018-08-24(美国)',
'片长': ' 102 分钟',
'又名': ' 搜索 / 屏幕搜索',
'IMDb 链接': ' tt7668870'}

（3）保存信息。

将所有的网址结果存储到 getMovieDetail()函数中，并将所有的资料存储到列表 moary[]中。同样，这里需判断 getMovieDetail()函数返回的是否是空值。如果不是空值，则继续执行，不做任何动作。

示例代码如下：

```
def getInfo():
    header = {"User-Agent": "Chrome/68.0.3440.106"}
    r = requests.get('https://movie.douban.com/', headers=header)
    soup = BeautifulSoup(r.text, 'html.parser')
    moary = []
    for m in soup.select('.title a'):
        url = m['href']
        temp = getMovieDetail(url)
        if temp != []:
            moary.append(temp)
    return moary


moary = getInfo()
print(moary[0])
```

运行结果为：

{'电影名': '奇妙王国之魔法奇缘', '导演': ' 陈设', '主演': ' 卢瑶 / 张洋 / 陈新玥', '类型': ' 动画 / 冒险', '制片国家/地区': ' 中国', '语言': ' 汉语普通话', '上映日期': ' 2020-04-11(中国)', '又名': ' Wonderful kingdom：Enchanted'}

将这个列表 moary 换成表格方式，在此使用 pandas 库，将信息转换成 DataFrame，DataFrame 会以二维表信息展现数据，再调用 to_excel()方法保存为 Excel 文件，示例代码如下：

```
import pandas
df = pandas.DataFrame(moary)
df.to_excel('movie.xlsx')
```

如果出现错误需要安装 openpyxl，代码如下：

```
pip install openpyxl
```

通过以上的练习我们基本完成了爬虫任务，但是如果获取网站 top250 上的电影信息时，则存在以下问题。

（1）最大的问题就是主演、编剧、上映时间等利用.text 提取出的文本，有些是"："和"\n"混合交替，我们无法正常利用 split 提取出来，如图 10.11 所示。

图 10.11　网站电影简介

　　我们可以使用 replace() 方法将换行符 "\n" 替换成冒号 "："，再使用 split() 方法以冒号作为分隔符，将每项信息分开加入 yield{} 中。

　　示例代码如下：

```
for id in one_soup.select('#info'):
    content = id.text.strip().replace('\n', ':')
    models = content.split(':')
    yield {
            '排名':movie_rank,
            '影名':movie_name,
            models[4]:models[5],
            models[6]:models[7],
            models[0]:models[1],
            models[2]:models[3],
            models[16]:models[17],
            models[18]:models[19],
            models[8]:models[9],
            models[10]:models[11],
            models[12]:models[13],
            models[14]:models[15],
    }
```

　　这样就成功解决了因数据乱而产生的问题。

　　（2）采用正则表达式指定字符串的提取。

　　示例代码如下：

```
def parsePage(ilt, html):
    try:
        plt = re.findall(r'\"view_price\"\:\"[\d\.]*\"',html)
        tlt = re.findall(r'\"raw_title\"\:\".*?\"',html)
```

```
                for i in range(len(plt)):
                    price = eval(plt[i].split(':')[1])
                    title = eval(tlt[i].split(':')[1])
                    ilt.append([price , title])
            except:
                print("")
```

（3）由于有些网站会根据请求头主动屏蔽爬虫，所以在获取特定网站时需要修改请求头 headers。

```
        headers = {"User-Agent": "Chrome/68.0.3440.106"}
        re = requests.get(url, headers=headers)
```

修改后的示例代码如下：

```
        import requests
        from requests.exceptions import RequestException
        from bs4 import BeautifulSoup
        import pandas

        def getHTMLText(url):
            try:
                headers = {"User-Agent": "Chrome/68.0.3440.106"}
                re = requests.get(url, headers=headers)
                if re.status_code == 200:
                    return re.text
                return ""
            except RequestException:
                return None

        def get_one_page(html):
            info = []
            soup = BeautifulSoup(html, 'html.parser')
            for item in soup.select('.pic'):
                url = item.select('a')[0]['href']
                info.append(url)
            return info

        def getDetail(info):
            length = len(info)
            for i in range(length):
                one_page = getHTMLText(info[i])
                one_soup = BeautifulSoup(one_page, 'html.parser')
                for rank in one_soup.select('.top250-no'):
                    movie_rank = rank.text.strip()
                for name in one_soup.select('h1'):
```

```
                    movie_name = name.text.strip()
                for id in one_soup.select('#info'):
                    content = id.text.strip().replace('\n', ':')
                    models = content.split(':')
            yield{
                '排名':movie_rank,
                '影名':movie_name,
                models[4]:models[5],
                models[6]:models[7],
                models[0]:models[1],
                models[2]:models[3],
                models[16]:models[17],
                models[18]:models[19],
                models[8]:models[9],
                models[10]:models[11],
                models[12]:models[13],
                models[14]:models[15],
            }


    def main():
        movie = []
        url = 'http://movie.douban.com/top250'
        html = getHTMLText(url)
        info = get_one_page(html)
        movie = getDetail(info)
        output = pandas.DataFrame(movie)
        # print(output)
        output.to_excel('movies.xlsx')


    main()
```

将获取的信息存储到当前目录下的 movies.xlsx 文件，打开该文件，内容如图 10.12 所示。

IMDb链接	上映日期	主演	又名	导演	影名	排名	片长	类型	编剧	语言
tt0111161	1994-09-10	蒂姆·罗宾斯	月黑高飞	弗兰克·德拉邦特	肖申克的救赎 The Shawshank Redempt	No.1	142分钟	剧情 / 犯罪	弗兰克·德拉邦特	英语
tt0106332	1993-01-01	张国荣 / 张丰毅	再见，我的	陈凯歌	霸王别姬 (1993)	No.2	171分钟	剧情 / 爱情	芦苇 / 李碧华	汉语普通话
tt0109830	1994-06-23	汤姆·汉克斯	福雷斯特	罗伯特·泽米吉斯	阿甘正传 Forrest Gump (1994)	No.3	142分钟	剧情 / 爱情	艾瑞克·罗斯	英语
	1994-09-14	让·雷诺 / 娜塔	杀手莱昂	吕克·贝松	这个杀手不太冷 Léon (1994)	No.4	110分钟	剧情 / 动作	吕克·贝松	意大利语
tt0120338	1998-04-03	莱昂纳多·迪卡	铁达尼号	詹姆斯·卡梅隆	泰坦尼克号 Titanic (1997)	No.5	194分钟	剧情 / 爱情	詹姆斯·卡梅隆	英语 / 意大利语
tt0118799	2020-01-03	罗伯托·贝尼尼	一个快乐的	罗伯托·贝尼尼	美丽人生 La vita è bella (1997)	No.6	116分钟	剧情 / 喜剧	温琴佐·切拉米	意大利语 / 德语
		柊瑠美 / 入野自由	夏木真	宫崎骏	千与千寻 千と千尋の神隠し (2001)	No.7		剧情 / 动画	宫崎骏	
tt0108052	1993-11-30	连姆·尼森 / 本	舒特拉的名	史蒂文·斯皮尔伯	辛德勒的名单 Schindler's List (1993)	No.8	195分钟	剧情 / 历史	托马斯·肯尼利	英语 / 希伯来语
tt1375666	2010-09-01	莱昂纳多·迪卡	潜行凶间	克里斯托弗·诺兰	盗梦空间 Inception (2010)	No.9	148分钟	剧情 / 科幻	克里斯托弗·诺兰	英语 / 日语
tt1028532	2009-06-13	理查·基尔 / 萨	秋田犬八公	拉斯·霍尔斯道姆	忠犬八公的故事 Hachi: A Dog's Tale	No.10	93分钟	剧情	斯蒂芬·P·林赛	英语 / 日语
tt0120731	2019-11-15	蒂姆·罗斯 / 普	声光伴我	朱塞佩·托纳多雷	海上钢琴师 La leggenda del pianista	No.11	165分钟	剧情 / 音乐	亚利桑德罗·巴里	英语 / 法语
tt0120382	1998-06-05	金·凯瑞 / 劳拉	真人Show	彼得·威尔	楚门的世界 The Truman Show (1998)	No.12	103分钟	剧情 / 科幻	安德鲁·尼科尔	英语
tt0816692	2014-11-12	马修·麦康纳	星际启示录	克里斯托弗·诺兰	星际穿越 Interstellar (2014)	No.13	169分钟	剧情 / 科幻	乔纳森·诺兰	英语
tt1187043	2011-12-08	阿米尔·汗 / 卡	三个傻瓜	拉吉库马尔·希拉	三傻大闹宝莱坞 3 Idiots (2009)	No.14	171分钟	剧情 / 喜剧	维德胡·维诺德	印地语 / 乌尔都语
	2008-06-27	本·贝尔特 / 艾	太空奇兵·	安德鲁·斯坦顿	机器人总动员 WALL·E (2008)	No.15	98分钟	科幻 / 动画	安德鲁·斯坦顿	英语
tt0372824	2004-10-16	杰拉尔·朱尼奥	歌声伴我心	克里斯托夫·巴哈	放牛班的春天 Les choristes (2004)	No.16	97分钟	剧情 / 音乐	乔治·沙普罗	法语
tt0114996	1995-02-04	周星驰 / 吴孟达		刘镇伟	大话西游之大圣娶亲 西游记大结局之仙	No.17	95分钟	剧情 / 爱情	刘镇伟	粤语 / 汉语普通
tt2070649	2011-09-22	孔侑 / 郑有美	无声呐喊	黄东赫	熔炉 도가니 (2011)	No.18	125分钟	剧情	黄东赫 / 孔枝泳	韩语
tt2948356	2016-03-04	金妮弗·古德温	优兽大都会	拜伦·霍华德	疯狂动物城 Zootopia (2016)	No.19	109分钟	喜剧 / 动画	拜伦·霍华德	挪威语
tt0338564	2002-12-12	刘德华 / 梁朝伟	Infernal	刘伟强 / 麦兆辉	无间道 (2002)	No.20	101分钟	剧情 / 悬疑	麦兆辉 / 庄文强	粤语
tt0096283	2018-12-14	日高法子 / 坂本	邻居托托罗	宫崎骏	龙猫 となりのトトロ (1988)	No.21	86分钟	动画 / 奇幻	宫崎骏	日语

图 10.12　电影信息导出后结果

10.6.2　网站音乐人爬虫

本示例基本思路如下。

- 打开网页，找到 network 下的 doc，查看对应的响应及消息头，获取请求网址。
- 将响应加载到 res 中，并把结果打印出来。
- 用来自 BeautifulSoup 库的 BeautifulSoup 方式，将 res.text 加载到 BeautifulSoup 中，将结果存储在 soup 中。获取 list-v 下的 li 获取相应的信息。
- 获取推荐活动中的活动名称，找到所要提取信息的对应位置，再将其提取出来，并将其取名为 name。
- 因为 href 给出的 URL 可以直接访问，所以不用添加 domain，直接提取出其中的 href 就可以获取艺术家活动的详情页面。
- 打开详情页面，开始爬虫。
- 获取详情页面的 event-info 中的 title（活动名称）。
- 把活动详情页面下的相关信息提取出来，放在 info（字典）中。
- 将各项字典中的信息进行汇总，并放在一起，只要通过输入 URL 就可以获取我们想要得到的信息。
- 通过把上述几个步骤全部连贯起来，将响应加载到 res 中，然后从 herf 中找到列表中所有列表项的 URL，再通过汇总好的字典，将所有的信息进行汇总。
- 引用 pandas 将获取的信息 ary 结构化，打印 df。
- 通过 df.to_ejcel()可以将生成的内容以文件的形式保存。

具体实现步骤如下。

（1）打开网页，找到 network 下的 doc，查看对应的响应（见图 10.13）及消息头，获取请求网址，如图 10.14 所示。

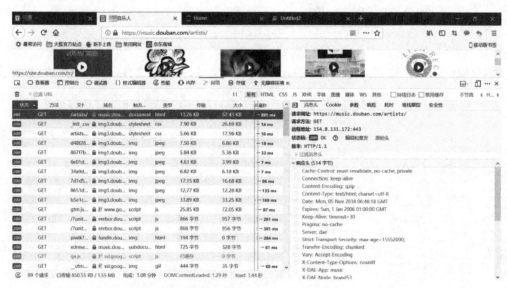

图 10.13　网站音乐人 network 标签消息头

图 10.14　网站音乐人 network 响应

（2）将响应加载到 res 中，并把结果打印出来，示例代码如下：

```
import requests
headers = {"User-Agent": "Chrome/68.0.3440.106"}
res = requests.get('http://music.douban.com/artists/',
                                  headers=headers)
res.text
```

（3）用来自 BeautifulSoup 库的 BeautifulSoup 方式，将 res.text 加载到 BeautifulSoup 中，将结果存储在 soup 中，示例代码如下：

```
from bs4 import BeautifulSoup
soup = BeautifulSoup(res.text, 'html.parser')
for artist in soup.select('.list-v li'):
    print(artist)
    print("===============================")
```

运行结果如图 10.15 所示。

```
<li>
<div class="pic">
<a href="https://www.douban.com/event/29160285/"><img src="https://img3.doubanio.com/pview/event_poster/small/public/d03a16f5b0d3212.jpg"/
></a>
</div>
<div class="info">
<div class="artist-name">Split Works</div>
<div class="title">
<a href="https://www.douban.com/event/29160285/">2017 Concrete &amp; Grass 混凝草音乐节</a>
</div>
<div class="desc">
      2017年09月16日 周六 11:30-21:30...<br/>地点：上海 浦东新区 上海瑞可碧撒橄榄球运动俱乐部 - 张杨北路2700号，近...
      </div>
</div>
</li>
===============================
<li>
<div class="pic">
<a href="https://www.douban.com/event/28995078/"><img src="https://img3.doubanio.com/pview/event_poster/small/public/9ec56b153fc4b6d.jpg"/
```

图 10.15　运行结果

（4）获取 list-v 下的 li 获取相应的信息，如图 10.16 所示。

图 10.16　获取相应的信息

（5）获取推荐活动中的活动名称，找到所要提取信息的对应位置，再将其提取出来，并将其取名为 name，如图 10.17 所示。

图 10.17　提取信息

获取推荐活动中的活动名称，示例代码如下：

```python
from bs4 import BeautifulSoup
soup = BeautifulSoup(res.text, 'html.parser')
for artist in soup.select('.list-v li'):
    if artist.select('.artist-name'):
        print(artist.select('.artist-name'))
        print("===========================")
```

运行结果为：

[<div class="artist-name">Split Works</div>]

[<div class="artist-name">永乐票务</div>]

[<div class="artist-name">69cafe</div>]

[<div class="artist-name">MAO Livehouse 上海</div>]

[<div class="artist-name">华晨宇</div>]

再获取其 text，示例代码如下：

```
from bs4 import BeautifulSoup
soup = BeautifulSoup(res.text, 'html.parser')
for artist in soup.select('.list-v li'):
    if artist.select('.artist-name'):
        print(artist.select('.artist-name')[0].text)
        print("==============================")
```

运行结果为：

Split Works

永乐票务

69cafe

MAO Livehouse 上海

华晨宇

将该信息赋值给 name 以供后续使用，示例代码如下：

```
from bs4 import BeautifulSoup
soup = BeautifulSoup(res.text, 'html.parser')
for artist in soup.select('.list-v li'):
    if artist.select('.artist-name'):
        name = artist.select('.artist-name')[0].text
        print(name)
        print("==============================")
```

（6）因为 href 给出的 URL 可以直接访问，所以不用添加 domain，直接提取出其中的 href 就可以获取艺术家活动的详情页面，示例代码如下：

```
from bs4 import BeautifulSoup
soup = BeautifulSoup(res.text, 'html.parser')
for artist in soup.select('.list-v li'):
```

```
        if artist.select('.artist-name'):
            name = artist.select('.artist-name')[0].text
            print(artist.select('.title a')[0]['href'])
            print("==============================")
```

运行结果为：

```
https://www.douban.com/event/29160285/
==============================
https://www.douban.com/event/28995078/
==============================
https://www.douban.com/event/29008825/
==============================
https://www.douban.com/event/29006711/
==============================
https://www.douban.com/event/29348823/
==============================
```

（7）打开详情页面，开始爬虫，示例代码如下：

```
import requests
        headers = {"User-Agent": "Chrome/68.0.3440.106"}
        res = requests.get('https://www.douban.com/event/29160285/',
                                     headers=headers)
        print(res.text)
```

（8）获取详情页面的 event-info 中的 title（活动名称），示例代码如下：

```
        soup = BeautifulSoup(res.text, 'html.parser')
        soup.select('.event-info h1')[0].text.strip()
```

运行结果为：

2017 Concrete & Grass 混凝草音乐节　已结束

（9）把活动详情页面下的相关信息提取出来，放在 info（字典）中，示例代码如下：

```
        info = {}
        info['标题'] = soup.select('.event-info h1')[0].text.strip()
        info['时间'] = soup.select('.calendar-str-item')[0].text
        info['地点'] = soup.select('.micro-address')[0].text
        info['活动须知'] = soup.select('.wr')[0].text
        info['活动详情'] = soup.select('.mod')[1].text
```

（10）将各项字典中的信息进行汇总，并放在一起，只要通过输入 URL 就可以获取我们想要得到的信息，示例代码如下：

```
        def getdetail(url):
            info = {}
            res = requests.get(url)
            soup = BeautifulSoup(res.text, 'html.parser')
            info['地点'] = soup.select('.micro-address')[0].text
```

```
info['时间'] = soup.select('.calendar-str-item')[0].text
info['标题'] = soup.select('.event-info h1')[0].text.strip()
info['活动详情'] = soup.select('.mod')[1].text
info['活动须知'] = soup.select('.wr')[0].text.strip()
info['温馨提示'] = soup.select('.event_warn')[0].text
return info


getdetail('https://www.douban.com/event/29160285/')
```

运行结果如图 10.18 所示。

['地点': '\n上海\xa0\n浦东新区\xa0\n上海瑞可碧橄榄球运动俱乐部－张杨北路2700号，近五洲大道（靠近地铁6号线五洲大道站)\n',
'时间': '2017年09月16日　周六 11:30-21:30',
'标题': '2017 Concrete & Grass 混凝草音乐节\n　　　　　　　　　　　已结束',
'活动详情': '\n活动详情\n由Split Works开功和大麦演出MaiLive联合呈现，9月16、17日，万众期待的2017年混凝草音乐节将如期回到上海瑞可碧橄榄球运
动俱乐部的宽阔草地，为广大国内外乐迷带来新一轮"一方地，零常规"的精彩音乐节体验。在艺人阵容方面坚持着"多元化"和"前瞻性"的混凝草音乐节今
年也不负众望，将用59组艺人的强大阵容，呈现真正世界性，也更能触及乐迷内心的音乐内容。除几组来华呼声最为强烈，势必引发乐迷强烈反响的音乐偶像
外，那些看似陌生的名字也同样蕴藏着令人意想不到的潜能。他们早已在各自的领域拥有了卓越的音乐成就，将为混凝草带去百分百的精彩和惊喜。你的观演心
愿单，由混凝草一一实现。混凝草秉承着主办团队Split Works一贯独到的音乐品味，紧紧围绕着中国独立乐迷的热情期盼。那些在海外成名已久，在国内也拥有
广大乐迷基础的当红乐队都曾在混凝草实现了他们的中国首秀。今年这个激动人心的惯例也不会被打破，在迎来Beach Fossils、Swim Deep等欧美一线独立乐队
之后，最受国内乐迷喜爱和期盼的DIIV将从纽约飞临混凝草的舞台，为上海的夏日带来他们清凉飘渺的梦幻流行之美。全球音乐人云集！日本艺人组异彩纷呈，
混凝草的艺人阵容每年都有着超乎想象的国际化规模，今年更是将目光投向了更广阔的音乐维度：来自匈牙利的"奇幻民谣"乐团Bohemian Betyars将用他们
充满吉普赛风情的音乐带来令人大开眼界的现场演出；被称为"俄罗斯Joy Division"的Motorama乐队则会将英式音乐完美转化为俄罗斯摇滚的独特美感；牙

图 10.18　获取活动详细信息

（11）通过把上述几个步骤全部连贯起来，将响应加载到 res 中，然后从 herf 中找到列表中所有列表项的 URL，再通过汇总好的字典，将所有的信息进行汇总，示例代码如下：

```
import requests
from bs4 import BeautifulSoup
res = requests.get('http://music.douban.com/artists/')


soup = BeautifulSoup(res.text, 'html.parser')
artistary = []
for artist in soup.select('.list-v li'):
    if artist.select('.artist-name'):
        name = artist.select('.artist-name')[0].text
        url = artist.select('.title a')[0]['href']
        artistary.append(getdetail(url))
```

（12）引用 pandas 将获取的信息 ary 结构化，打印 df，示例代码如下：

```
import pandas
df = pandas.DataFrame(artistary)
print(df)
```

运行结果如图 10.19 所示。

（13）通过 df.to_excel() 可以将生成的内容以文件的形式保存，示例代码如下：

```
df.to_excel('arttist.xlsx')
```

保存到本地文件后，打开该文件，保存的数据，即获取信息文件如图 10.20 所示。

		地点	时间	标题	活动详情	活动须知	温馨提示
0		\n上海 \n浦东新区 \n上海瑞可碧橄榄球运动俱乐部 - 张杨北路2700号，近五洲大道 ...	2017年09月16日 周六 11:30-21:30	2017 Concrete & Grass 混凝草音乐节 \n 已结束	\n活动详情\n由Split Works开功和大麦演出MaiLive联合呈现，9月16、17...	Concrete & Grass混凝草音乐节一方地，零常规 "A Place Less O...	\n温馨提示\n本活动信息由发起人自行发布，仅代表其个人意志，与豆瓣网无关，且活动的后续事项...
1		\n南京 \n南京青奥体育公园\n	2017年10月03日 周二 00:00-23:59	2017银城·南京森林音乐狂欢季 大型户外音乐节\n 已结束	\n活动相关小站\n\n\n\n永乐票务 主办方\n\n活动类型：其他 音乐 戏...	【温馨提示】1.本演出将于2017年6月28日12:00正式开启预订；建议您提前注册、登录永...	\n温馨提示\n本活动信息由发起人自行发布，仅代表其个人意志，与豆瓣网无关，且活动的后续事项...
2		\n北京 \n东城区 \n【69CAFE】南锣鼓巷109号院内，喜结良缘隔壁，TEL 64...	2017年08月01日 周二 11:30-23:30	再会，69cafe。\n 已结束	\n活动相关小站\n\n\n\n69cafe 主办方\n\n活动类型：其他 音乐...	再会，69cafe —— 位于南锣鼓巷109号的69cafe于2017年8月1号结束营业:h...	\n温馨提示\n本活动信息由发起人自行发布，仅代表其个人意志，与豆瓣网无关，且活动的后续事项...
3		\n上海 \n黄浦区 \n重庆南路308号3楼MAO Livehouse\n	2017年10月14日 周六 20:30-22:00	【MAO Live呈现】英国Indie Pop乐队The Candle Thieves中国巡...	\n活动相关小站\n\n\n\nMAO Livehouse上海 商户\n\n\n地址...	【MAO Live呈现】2017英国Indie Pop乐队The Candle Thieve...	\n温馨提示\n本活动信息由发起人自行发布，仅代表其个人意志，与豆瓣网无关，且活动的后续事项...
		\n业京 \n海淀区 \n五棵松体育...	2017年10月13日	2017华晨宇火星演唱会\n 已...	\n活动详情\n\n1314，浦发银行信用上助农异彩华晨字2017...	10月13日——10月14日，华晨字...	\n温馨提示\n本活动信息由发起人自行发布，仅代表其个...

图 10.19　df 打印结果

图 10.20　获取信息文件

第 11 章　Python 数据分析技术

11.1　数据处理

　　数据（Data）是对事实、概念或指令的一种表达形式，可由人工或自动化装置进行处理，数据处理（Data Processing）是对数据的采集、存储、检索、加工、变换和传输。数据处理的基本目的是从大量的、可能是杂乱无章的、难以理解的数据中抽取并推导出对于某些特定的人们来说是有价值、有意义的数据，贯穿于社会生产和社会生活的各个领域。同时，数据处理技术的发展及其应用的广度和深度，极大地影响着人类社会发展的进程。

　　NumPy 数组使人们可以将许多种数据处理任务表述为简洁的数组表达式（否则需要编写循环）。使用数组表达式代替循环的做法通常被称为矢量化。一般来说，矢量化数组运算要比等价的 Python 方式快上一两个数量级（甚至更多），尤其是各种数值计算。这是一种针对矢量化计算的强大手段。

　　假设想画出 y = sin(x) 的图像，使用基本的 Python 语法和绘图库制作起来会很麻烦，可以采用 NumPy 来产生数据，采用 Matplotlib 绘制图形，示例代码如下：

```
import numpy as np
import matplotlib.pyplot as plt

# 在 Jupyter Notebook 编辑器中画图时要添加下面一行代码
%matplotlib inline

x = np.arange(-6, 6, 0.1)
y = np.sin(x)
plt.plot(x, y)
plt.show()
```

运行结果如图 11.1 所示。

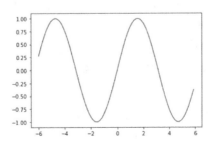

图 11.1　y=sin(x)的函数图像

11.1.1 NumPy

NumPy（Numerical Python）是 Python 的一个扩展程序库，支持大量的维度数组与矩阵运算，此外也针对数组运算提供了大量的数学函数库。NumPy 的前身 Numeric 最早是由 Jim Hugunin 与其他协作者共同开发，NumPy 为开放源代码与许多协作者共同维护开发。NumPy 是一个运行速度非常快的数学函数库，主要用于数组计算，包含：

- 一个强大的 *N* 维数组对象 ndarray。
- 广播功能函数。
- 整合 C/C++/Fortran 代码的工具。
- 线性代数、傅里叶变换、随机数生成等功能。

由于 anaconda 自带 NumPy，所以无须安装，非 anaconda 可以通过如下命令进行安装：

```
pip install numpy
```

使用以下方式导入 NumPy：

```
import numpy as np
```

NumPy 在数学计算方面可谓是十分的方便，所以我们来简单了解一些 NumPy 的语法格式用法。

1．NumPy 数组对象

NumPy 中的 ndarray 是一个多维数组对象，该对象由两部分组成：实际的数据和描述这些数据的元数据。大部分的数组操作仅仅修改元数据部分，而不改变底层的实际数据。

NumPy 最重要的一个特点就在 NumPy 中创建的都是 *N* 维数组对象 ndarray，它是一系列同类型数据的集合，同 Python 中的列表一样，下标也是从 0 开始的。

我们想要创建一个 ndarray 只需调用 NumPy 的 array()函数即可，语法格式如下：

```
numpy.array(object, dtype = None, copy = True, order = None, subok = False, ndmin = 0)
```

参数说明如表 11-1 所示。

表 11-1　参数说明

名　　称	说　　明
object	数组或嵌套的数列
dtype	数组元素的数据类型，可选参数
copy	对象是否需要复制，可选参数
order	创建数组的样式，C 为行方向，F 为列方向，A 为任意方向（默认）
subok	默认返回一个与父类类型一致的数组
ndmin	指定生成数组的最小维度

我们可以通过一些示例来帮助读者更好地理解。

- 一维数组。

示例代码如下（省略导入 NumPy 语句，下同）：

```
a = np. array([1,2,3])
print(a)
```

运行结果为：

        [1 2 3]

- 多维数组。

示例代码如下：

```
a = np.array([[1,2,3], [4,5,6]])
print(a)
```

运行结果为：

        [[1 2 3]
         [4 5 6]]

- ndmin 参数。

ndmin 参数指定生成数组的最小维度，示例代码如下：

```
a = np.array([1,2,3,4,5], ndmin=2)
print(a)
```

运行结果为：

        [[1 2 3 4 5]]

- dtype 参数

dtype 参数用于设置数组元素的数据类型，示例代码如下：

```
a = np.array([1,2,3,4,5], dtype=complex)
print(a)
```

运行结果为：

        [1.+0.j 2.+0.j 3.+0.j 4.+0.j 5.+0.j]

我们还可以通过 NumPy 中的 arange()函数来产生连续的 ndarray，语法格式如下：

```
numpy.arange(start=0, stop, step=1)
```

其中，start 表示开始，stop 表示结束（产生的数不包括 stop），step 表示步长。例如，代码 numpy.arange(1, 19, 2)，就会输出 [1 3 5 7 9 11 13 15 17]。

2．NumPy 数据类型

NumPy 支持的数据类型比 Python 内置的类型要多，基本上可以和 C 语言的数据类型对应，其中部分类型对应 Python 内置的类型。常用的 NumPy 基本数据类型如表 11-2 所示。

表 11-2　常用的 NumPy 基本数据类型

关　键　字	说　　明
bool_	布尔数据类型（True 或 False）
int_	默认的整数类型（类似于 C 语言中的 long、int32 或 int64）
int8	字节（−128～127）
int16	整数（−32768～32767）
int32	整数（−2147483648～2147483647）
int64	整数（−9223372036854775808～9223372036854775807）

续表

关 键 字	说 明
uint8	无符号整数（0～255）
uint16	无符号整数（0～65535）
uint32	无符号整数（0～4294967295）
uint64	无符号整数（0～18446744073709551615）
float_	float64 类型的简写
float16	半精度浮点数，包括 1 个符号位、5 个指数位、10 个尾数位
float32	单精度浮点数，包括 1 个符号位、8 个指数位、23 个尾数位
float64	双精度浮点数，包括 1 个符号位、11 个指数位、52 个尾数位
complex_	complex128 类型的简写，即 128 位复数
complex64	复数，表示双 32 位浮点数（实数部分和虚数部分）
complex128	复数，表示双 64 位浮点数（实数部分和虚数部分）

我们可以通过 dtype()函数来获取数据类型或设置数据类型，语法格式如下：

```
numpy.dtype(object, align, copy)
```

- object：要转换为的数据类型对象。
- align：如果值为 True，则填充字段使其类似 C 语言的结构体。
- copy：复制 dtype 对象，如果值为 False，则是对内置数据类型对象的引用。

下面我们通过一些示例来理解。

（1）使用标量类型，示例代码如下：

```
dt = np.dtype(np.int32)
print(dt)
```

运行结果为：

```
int32
```

（2）int8、int16、int32、int64 四种数据类型可以使用字符串 'i1','i2','i4','i8' 代替，示例代码如下：

```
dt = np.dtype('i8')
print(dt)
```

运行结果为：

```
int64
```

（3）创建结构化数据类型，示例代码如下：

```
dt = np.dtype([('age', np.int8)])
print(dt)
```

运行结果为：

```
[('age', 'i1')]
```

（4）将数据类型应用于 ndarray 对象，示例代码如下：

```
dt = np.dtype([('age', np.int8)])
a = np.array([(10,), (20,), (30,)], dt)
```

```
print(a)
print(dt)
```

运行结果为：

```
[(10,) (20,) (30,)]
[('age', 'i1')]
```

下面定义一个结构化数据类型 student，包含字符串字段 name，整数字段 age 及浮点字段 mark，并将 dtype 应用于 ndarray 对象，示例代码如下：

```
student = np.dtype([('name', 'S20'), ('age', 'i1'), ('mark', 'f4')])
print(student)


a = np.array([(' abc', 21, 50), (' xyz', 18, 75)], dtype=student)
print(a)
```

运行结果为：

```
[('name', 'S20'), ('age', 'i1'), ('mark', '<f4')]
[(b' abc', 21, 50.) (b' xyz', 18, 75.)]
```

3. NumPy 数组

NumPy 数组的维数称为秩（rank），一维数组的秩为 1，二维数组的秩为 2，以此类推。在 NumPy 中，每一个线性的数组称为是一个轴（axis），也就是维度（dimensions）。比如说，二维数组相当于一维数组中又嵌套了一个一维数组，所以一维数组就是 NumPy 中的轴（axis），第 0 轴相当于是最内层的一维数组，第 1 轴相当于最外层的一维数组。轴的数量——秩，就是数组的维数。可以通过声明 axis 来让 NumPy 按照我们设想的轴方向进行操作。axis=0 表示沿着第 0 轴进行操作，即对每一列进行操作；axis=1 表示沿着第 1 轴进行操作，即对每一行进行操作。

NumPy 数组中比较重要的 ndarray 对象属性如表 11-3 所示。

表 11-3　ndarray 对象属性

属　　性	说　　明
ndarray.ndim	用于返回数组的维度，相当于秩
ndarray.shape	数组的维度，对于矩阵，n 行 m 列
ndarray.size	数组元素的总个数，相当于.shape 中 $n \times m$ 的值
ndarray.dtype	ndarray 对象的元素类型
ndarray.itemsize	ndarray 对象中每个元素的大小，以字节为单位
ndarray.flags	ndarray 对象的内存信息
ndarray.real	ndarray 对象中元素的实部
ndarray.image	ndarray 对象中元素的虚部
ndarray.data	包含实际数组元素的缓冲区，由于一般通过数组的索引获取元素，所以通常不需要使用这个属性

下面几个示例是对数组的操作。

● ndarray.ndim。

ndarray.ndim 用于返回数组的维数，相当于秩，示例代码如下：

```
a = np.arange(24)
print(a.ndim)        # a 只有 1 个维度

b = a.reshape(2, 4, 3)  # 调整 a 中的元素，按照指定维度调整得到新数组，不会改变 a
print(b.ndim)        # b 现在有 3 个维度
```

运行结果为：

```
1
3
```

- ndarray.shape。

ndarray.shape 表示数组的维度，返回一个元组，这个元组的长度就是维度的数目，即 ndim 属性（秩）。例如，一个二维数组，其维度表示行数和列数，示例代码如下：

```
a = np.array([[1,2,3], [4,5,6]])
print(a.shape)
```

运行结果为：

```
(2, 3)
```

ndarray.shape 也可以用于调整数组大小，示例代码如下：

```
a = np.array([[1,2,3], [4,5,6]])
a.shape = (3,2)
print(a)
```

运行结果为：

```
[[1 2]
 [3 4]
 [5 6]]
```

有时我们需要选取数组中的某个特定元素，可以直接以多维数组的方式获取，以二维数组为例，可以通过 a[m, n]来获取，示例代码如下：

```
a = np.array([[8,1], [0, 5]])
print(a[0,0], a[0,1], a[1,0], a[1,1], sep=" | ")
```

运行结果为：

```
8 | 1 | 0 | 5
```

元素分布情况如图 11.2 所示。

在创建这个多维数组时，我们给 array()函数传递的对象是一个嵌套的列表，可以依次选择该数组中的指定元素。需要注意的是，数组的下标是从 0 开始的。

如果读者想要了解更多有关 NumPy 的知识可以去 NumPy 的官方网站和源代码网站查看。

图 11.2　元素分布情况

11.1.2　Wordcloud

Wordcloud 库可以说是 Python 非常优秀的词云展示库，词云以词语为基本单位更加直观和艺术的展示文本。

我们可以通过 pip 工具来安装 Wordcloud 库，启动命令行，输入如下命令：

```
pip install wordcloud
```

Wordcloud 库的使用十分简单，Wordcloud 库中常见的参数如表 11-4 所示。

表 11-4　Wordcloud 库中常见的参数

参　　数	说　　明
font_path: string	字体路径，需要展现什么字体就把该字体路径+后缀名写上，如：font_path = 'simhei.ttf'
width: int default=400	输出的画布宽度，默认为 400 像素
height: int default=200	输出的画布高度，默认为 200 像素
mask: nd-array or None default=None	如果参数为空，则使用二维遮罩绘制词云。如果参数为非空，则设置的宽、高值将被忽略，遮罩形状被 mask 取代
scale: float default=1	按照比例放大画布，如设置为 1.5，则长和宽都是原来画布的 1.5 倍。
min_font_size: int default=4	显示的最小的字体大小
font_step: int default=1	字体步长，如果步长大于 1，则会加快运算，但是可能会导致结果出现较大的误差
max_words: number default=200	要显示的词的最大个数
stopwords=set of strings or None	设置需要屏蔽的词，如果值为空，则使用内置的 stopwords
background_color=color value default="black"	背景颜色，如 background_color='white'表示背景颜色为白色
max_font_size: int or None default=None	显示的最大的字体大小
color_func: callable default=None	生成新颜色的函数，如果值为空，则使用 self.color_func
colormap: string or matplotlib colormap default="viridis"	给每个单词随机分配颜色，如果指定 color_func，则忽略该方法
fit_words(frequencies)	根据词频生成词云（frequencies 为字典类型）
generate(text)	根据文本生成词云
generate_from_frequencies(frequencies[, ...])	根据词频生成词云
generate_from_text(text)	根据文本生成词云
to_array()	转化为 numpy array
to_file(filename)	输出到文件

下面我们来看一个简单绘制词云的示例，代码如下：

```
# 导入 wordcloud 模块和 matplotlib 模块
from wordcloud import WordCloud, ImageColorGenerator
import matplotlib.pyplot as plt


# 读取一个 txt 文件
text = """
Python 之禅  by Tim Peters
优美胜于丑陋（Python 以编写优美的代码为目标）
明了胜于晦涩（优美的代码应当是明了的，命名规范，风格相似）
简洁胜于复杂（优美的代码应当是简洁的，不要有复杂的内部实现）
复杂胜于凌乱（如果复杂不可避免，那么代码之间也不能有难懂的关系，要保持接口简洁）
扁平胜于嵌套（优美的代码应当是扁平的，不能有太多的嵌套）
间隔胜于紧凑（优美的代码有适当的间隔，不要奢望一行代码解决问题）
可读性很重要（优美的代码是可读的）
即便假借特例的实用性之名，也不可违背这些规则（这些规则至高无上）
"""


# 设置参数，生成词云
wordcloud=WordCloud(font_path='simhei.ttf', background_color='white',
                                    scale=1.5).generate(text)


# 显示词云图片
plt.imshow(wordcloud)
plt.axis('off')
plt.show()


# 保存图片
wordcloud.to_file('words.jpg')
```

利用 Wordcloud 库生成词云效果如图 11.3 所示。

图 11.3   利用 Wordcloud 库生成词云效果

11.2   Pandas 数据分析基础

Pandas 是 Python 第三方库，提供高性能易用数据类型和分析工具。标准的 Python 发行版并没有将 Pandas 模块捆绑在一起发布。安装 Pandas 模块的一个轻量级的替代方法是使用流行的 Python 包安装程序 pip 来安装，输入"pip install pandas"就可以安装。由于 anaconda 自带 Pandas，无须用户手动安装，使用时只要直接使用 import pandas 语句即可。

测试工作环境是否有安装好了 Pandas，约定引入方式如下：

```
import pandas as pd
```

我们学习的 Pandas 处理主要用于以下 3 种数据结构。

● 系列（Series）。

● 数据框（DataFrame）。

● 面板（Panel）。

这些数据结构构建在 NumPy 数组之上，这意味着对它们进行的操作会很快。本章主要介绍前两种数据结构：系列（Series）和数据框（DataFrame）。

11.2.1　pandas.Series

系列（Series）是能够保存任何类型的数据（整数、字符串、浮点数、Python 对象等）的一维标记数组。轴标签统称为索引。

Pandas 系列可以使用以下构造函数创建：

```
pandas.Series(data, index, dtype, copy)
```

pandas.Series()构造函数的参数如表 11-5 所示。

表 11-5　pandas.Series()构造函数的参数

参　　数	说　　明
data	数据采取各种形式，如 ndarray、list、constants
index	索引值必须是互不相同的离散值，与数据的长度相同。默认 np.arange(n)没有索引值被传递
dtype	dtype 用于数据类型。如果没有该参数，将自动推断出数据类型
copy	复制数据，默认值为 False

我们可以使用各种方法创建系列，如数组、字典、标量值和常数。

1．创建空系列

如同 Python 可以创建空列表一样，Pandas 也可以创建空系列，示例代码如下：

```
s = pd.Series()
print(s)
```

运行结果为：

```
Series([], dtype: float64)
```

2．创建系列

● 从 ndarray 创建系列。

如果数据是 ndarray，则传递的索引必须具有相同的长度。如果没有传递索引值，则默认的索引将是范围（n），其中 n 是数组长度，即 [0, 1, 2, 3, ..., range(len(array))-1] - 1]。

示例代码如下:

```
import pandas as pd
import numpy as np
data = np.array(['a','b','c','d'])
s = pd.Series(data)
print(s)
```

运行结果为:

```
0    a
1    b
2    c
3    d
dtype: object
```

这里没有传递任何索引,因此在默认情况下,它分配了从 0 到 len(data)-1 的索引,即从 0 到 3。

● 从字典创建系列。

字典(dict)可以作为输入传递,如果没有指定索引,则按排序顺序获取字典键以构造索引。如果传递了索引,则按照索引顺序将字典中与索引对应的值取出,示例代码如下(省略导包语句,下同):

```
data = {'a' : 0., 'b' : 1., 'c' : 2.}
s = pd.Series(data,index=['b','c','d','a'])
print(s)
```

运行结果为:

```
b    1.0
c    2.0
d    NaN
a    0.0
dtype: float64
```

注意:在上述结果中索引顺序保持不变,缺少的元素使用 NaN(不是数字)填充。

● 从标量值创建系列。

如果数据是标量值,则必须提供索引。将重复标量值以匹配索引的长度,示例代码如下:

```
s = pd.Series(5, index=[0, 1, 2, 3])
print(s)
```

运行结果为:

```
0    5
1    5
2    5
3    5
dtype: int64
```

3. 从系列中访问数据

● 从具体位置的系列中访问数据。

同列表一样，我们可以通过下标来访问系列中的元素，示例代码如下：

```
s = pd.Series([1,2,3,4,5],index = ['a','b','c','d','e'])

print(s[0])        # 检索第 1 个元素
print("--------------------")
print(s[:3])       # 检索前 3 个元素
print("--------------------")
print(s[-3:])      # 检索最后 3 个元素
```

运行结果为：

```
1
--------------------
a    1
b    2
c    3
dtype: int64
--------------------
c    3
d    4
e    5
dtype: int64
```

● 使用标签检索数据（索引）。

一个系列就像一个固定大小的字典，用户可以通过索引标签获取和设置值，示例代码如下：

```
s = pd.Series([1,2,3,4,5],index = ['a','b','c','d','e'])

print(s['a'])                # 检索单个元素
print("--------------------")
print(s[['a', 'c', 'd']])    # 检索多个元素
print("--------------------")
# print(s['f'])              # 检索不存在的元素会出现异常
```

运行结果为：

```
1
--------------------
a    1
c    3
d    4
dtype: int64
--------------------
```

11.2.2 pandas.DataFrame

数据框（DataFrame）是一种二维数据结构，即数据以行和列的表格方式排列。

DataFrame 是一个表格型的数据类型，每列值的类型可以不同，既有行索引，也有列索

引，DataFrame 常用于表达二维数据，也可以表达多维数据。

pandas 中的 DataFrame 可以使用以下构造函数创建：

```
pandas.DataFrame(data, index, columns, dtype, copy)
```

pandas.DataFrame()构造函数的参数如表 11-6 所示。

表 11-6　pandas.DataFrame()构造函数的参数

参　　数	说　　明
data	数据采取各种形式，如 ndarray、series、map、lists、dict、constant 和另一个 DataFrame
index	行标签，当没有传递索引值时默认值是 np.arange(n)
columns	列标签，当没有传递索引值时默认值是 np.arange(n)
dtype	每列的数据类型
copy	如果默认值为 False，则此命令用于复制数据

我们可以使用各种方法创建 Pandas 数据框（DataFrame），如列表、字典、系列、Numpy ndarrays 或是另一个数据框（DataFrame）。下面对这些方法进行介绍。

1. reindex()函数

reindex()函数能够改变或重排 Series 和 DataFrame 索引，其参数如表 11-7 所示。

表 11-7　reindex()函数参数

参　　数	说　　明
index, columns	新的行、列自定义索引
fill_value	在重新索引中，用于填充缺失位置的值
method	填充方法，ffill 表示向前填充，bfill 表示向后填充
limit	最大填充量
copy	默认值为 True，生成新的对象，当值为 False 时，新旧对象相等不复制

输入如下代码：

```
dl = {'城市':['北京','上海','广州','深圳','沈阳'],
      '环比':[101.5,101.2,101.3,102.0,100.1],
      '同比':[120.7,127.3,119.4,140.9,101.4],
      '定基':[121.4,127.8,120.0,145.5,101.6]}
d = pd.DataFrame(dl,index=['c1','c2','c3','c4','c5'])
d
```

运行结果如图 11.4 所示。

重新索引行，示例代码如下：

```
d = d.reindex(index=['c5','c4','c3','c2','c1'])
d
```

重新索引行后的运行结果如图 11.5 所示。

重新索引列，示例代码如下：

```
d = d.reindex(columns=['城市','同比','环比','定基'])
d
```

重新索引列后的运行结果如图 11.6 所示。

	城市	环比	同比	定基
c1	北京	101.5	120.7	121.4
c2	上海	101.2	127.3	127.8
c3	广州	101.3	119.4	120.0
c4	深圳	102.0	140.9	145.5
c5	沈阳	100.1	101.4	101.6

	城市	环比	同比	定基
c5	沈阳	100.1	101.4	101.6
c4	深圳	102.0	140.9	145.5
c3	广州	101.3	119.4	120.0
c2	上海	101.2	127.3	127.8
c1	北京	101.5	120.7	121.4

	城市	同比	环比	定基
c5	沈阳	101.4	100.1	101.6
c4	深圳	140.9	102.0	145.5
c3	广州	119.4	101.3	120.0
c2	上海	127.3	101.2	127.8
c1	北京	120.7	101.5	121.4

图 11.4　运行结果　　图 11.5　重新索引行后的运行结果　图 11.6　重新索引行后的运行结果

增加新的列，在上述代码后面继续添加如下代码：

```
newc = d.columns.insert(4,'新增')
newd = d.reindex(columns=newc, fill_value=200)
newd
```

添加新列之后的运行结果如图 11.7 所示。

	城市	同比	环比	定基	新增
c5	沈阳	101.4	100.1	101.6	200
c4	深圳	140.9	102.0	145.5	200
c3	广州	119.4	101.3	120.0	200
c2	上海	127.3	101.2	127.8	200
c1	北京	120.7	101.5	121.4	200

图 11.7　添加新列之后的运行结果

2. 索引类型的常用方法

Series 和 DataFrame 的索引是 index 类型，索引对象是不可修改类型。索引类型的常用方法如表 11-8 所示。

表 11-8　索引类型的常用方法

方　　法	说　　明
.append(idx)	连接另一个索引对象，产生新的索引对象
.diff(idx)	计算差集，产生新的索引对象
.intersection(idx)	计算交集，产生新的索引对象
.union(idx)	计算并集，产生新的索引对象
.delete(loc)	删除 loc 位置的元素
.insert(loc,e)	在 loc 位置增加一个元素 e

示例代码如下：

```
dl = {'城市':['北京','上海','广州','深圳','沈阳'],
      '环比':[101.5,101.2,101.3,102.0,100.1],
      '同比':[120.7,127.3,119.4,140.9,101.4],
      '定基':[121.4,127.8,120.0,145.5,101.6]}
d = pd.DataFrame(dl,index=['c1','c2','c3','c4','c5'])
```

```
nc = d.columns.delete(2)
ni = d.index.insert(5, 'c0')
nd = d.reindex(index=ni, columns=nc)
nd
```

重建索引后的运行结果如图 11.8 所示。

3. 删除指定索引对象

用户可以通过 drop()得到删除 Series 和 DataFrame 指定行或列索引后的索引对象，示例代码如下：

```
a = pd.Series([9,8,7,6], index=['a','b','c','d'])
d = a.drop(['b','c'])
print(a)
```

运行结果为：

```
a    9
d    6
dtype: int64
```

使用 drop() 删除 DataFrame 中的行，示例代码如下：

```
dl = {'城市':['北京','上海','广州','深圳','沈阳'],
        '环比':[101.5,101.2,101.3,102.0,100.1],
        '同比':[120.7,127.3,119.4,140.9,101.4],
        '定基':[121.4,127.8,120.0,145.5,101.6]}
d = pd.DataFrame(dl,index=['c1','c2','c3','c4','c5'])
d = d.drop('c5')
d
```

删除行后的运行结果如图 11.9 所示。

使用 drop()也可以删除 DataFrame 中的列，示例代码如下：

```
d = d.drop('同比', axis=1)
d
```

删除列后的运行结果如图 11.10 所示。

	城市	环比	定基
c1	北京	101.5	121.4
c2	上海	101.2	127.8
c3	广州	101.3	120.0
c4	深圳	102.0	145.5
c5	沈阳	100.1	101.6
c0	NaN	NaN	NaN

	城市	环比	同比	定基
c1	北京	101.5	120.7	121.4
c2	上海	101.2	127.3	127.8
c3	广州	101.3	119.4	120.0
c4	深圳	102.0	140.9	145.5

	城市	环比	定基
c1	北京	101.5	121.4
c2	上海	101.2	127.8
c3	广州	101.3	120.0
c4	深圳	102.0	145.5

图 11.8 重建索引后的运行结果　图 11.9 删除行后的运行结果　图 11.10 删除列后的运行结果

11.2.3　Pandas 库的数据类型运算

1．算数运算法则

（1）算术运算根据行、列索引，补齐后运算，运算默认产生浮点数。

（2）补齐时缺项填充 NaN（空值）。

（3）二维和一维、一维和零维之间为广播运算。

（4）采用+、−、*、/进行的二元运算产生新的对象。

例如，构造 a、b 为不同维度的对象，示例代码如下：

```
a = pd.DataFrame(np.arange(12).reshape(3,4))
b = pd.DataFrame(np.arange(20).reshape(4,5))
```

a 和 b 的值如图 11.11 所示。

a+b 和 a*b 的运行结果如图 11.12 所示。

	0	1	2	3
0	0	1	2	3
1	4	5	6	7
2	8	9	10	11

	0	1	2	3	4
0	0	1	2	3	4
1	5	6	7	8	9
2	10	11	12	13	14
3	15	16	17	18	19

	0	1	2	3	4
0	0.0	2.0	4.0	6.0	NaN
1	9.0	11.0	13.0	15.0	NaN
2	18.0	20.0	22.0	24.0	NaN
3	NaN	NaN	NaN	NaN	NaN

	0	1	2	3	4
0	0.0	1.0	4.0	9.0	NaN
1	20.0	30.0	42.0	56.0	NaN
2	80.0	99.0	120.0	143.0	NaN
3	NaN	NaN	NaN	NaN	NaN

　　　　a　　　　　　　　　b　　　　　　　　　　　a+b　　　　　　　　　　　a*b

图 11.11　a 和 b 的值　　　　　　　图 11.12　a+b 和 a*b 的运行结果

方法形式的运算如表 11-9 所示。

表 11-9　方法形式的运算

方　　　法	说　　　明
.add(d, **argws)	类型之间加法运算，可选参数
.sub(d, **argws)	类型之间减法运算，可选参数
.mul(d, **argws)	类型之间乘法运算，可选参数
.div(d, **argws)	类型之间除法运算，可选参数

仍然使用前面的 a、b，但是使用 fill_value 参数替代 NaN，并参与运算，示例代码如下：

```
b.add(a, fill_value=100)
```

b.add()的运行结果如图 11.13 所示。

不同维度之间为广播运算，一维 Series 默认在 1 轴参与运算，下面构造新的 b、c，示例代码如下：

```
b = pd.DataFrame(np.arange(20).reshape(4,5))
c = pd.Series(np.arange(4))
```

b 和 c 的值如图 11.14 所示。

	0	1	2	3	4
0	0.0	2.0	4.0	6.0	104.0
1	9.0	11.0	13.0	15.0	109.0
2	18.0	20.0	22.0	24.0	114.0
3	115.0	116.0	117.0	118.0	119.0

图 11.13　b.add() 的运行结果

	0	1	2	3	4
0	0	1	2	3	4
1	5	6	7	8	9
2	10	11	12	13	14
3	15	16	17	18	19

```
0    0
1    1
2    2
3    3
dtype: int32
```

b　　　　　　　　　c

图 11.14　b 和 c 的值

b-c 和 c-10 的运行结果如图 11.15 所示。

使用运算方法可以使一维 Series 参与 0 轴运算，输入函数 b.sub(c,axis=0)，得到运行结果如图 11.16 所示。

	0	1	2	3	4
0	0.0	0.0	0.0	0.0	NaN
1	5.0	5.0	5.0	5.0	NaN
2	10.0	10.0	10.0	10.0	NaN
3	15.0	15.0	15.0	15.0	NaN

b-c

```
0    -10
1    -9
2    -8
3    -7
dtype: int32
```

c-10

	0	1	2	3	4
0	0	1	2	3	4
1	4	5	6	7	8
2	8	9	10	11	12
3	12	13	14	15	16

图 11.15　b-c 和 c-10 的运行结果　　　　　图 11.16　b.sub(c,axis=0) 的运行结果

2. 比较运算法则

（1）比较运算只能比较相同索引的元素，不进行补齐。

（2）二维和一维、一维和零维之间为广播运算。

（3）采用 >、<、>=、<=、==、!= 等符号进行的二元运算产生布尔对象。

同维度运算，尺寸一致，示例代码如下：

```
a = pd.DataFrame(np.arange(12).reshape(3,4))
d = pd.DataFrame(np.arange(12,0,-1).reshape(3,4))
```

a 和 d 的值如图 11.17 所示。

a>d 和 a==b 的运行结果如图 11.18 所示。

	0	1	2	3
0	0	1	2	3
1	4	5	6	7
2	8	9	10	11

a

	0	1	2	3
0	12	11	10	9
1	8	7	6	5
2	4	3	2	1

d

	0	1	2	3
0	False	False	False	False
1	False	False	False	True
2	True	True	True	True

a>d

	0	1	2	3
0	False	False	False	False
1	False	False	True	False
2	False	False	False	False

a==d

图 11.17　a 和 d 的值　　　　　　　　　图 11.18　a>d 和 a==b 的运行结果

不同维度，广播运算，默认在 1 轴，示例代码如下：

```
a = pd.DataFrame(np.arange(12).reshape(3,4))
c = pd.Series(np.arange(4))
```

a>c 和 c>0 的运行结果如图 11.19 所示。

	0	1	2	3
0	False	False	False	False
1	True	True	True	True
2	True	.True	True	True

```
0    False
1    True
2    True
3    True
dtype: bool
```

　　　　　　　a>c　　　　　　　　　　　c>0

图 11.19　a>c 和 c>0 的运行结果

11.2.4　Pandas 数据特征分析

1. 数据的排序

- sort_index()方法。

sort_index()方法在指定轴上根据索引进行排序，默认为升序，语法格式如下：

```
sort_index(axis=0, ascending=True)
```

示例代码如下：

```
b = pd.DataFrame(np.arange(20).reshape(4,5),index=['c','a','d','b'])
```

b 的值如图 11.20 所示。

使用 b.sort_index()方法对索引排序后 b 的值如图 11.21 所示。

使用 b.sort_index(ascending=False)方法逆向排序后 b 的值如图 11.22 所示。

	0	1	2	3	4
c	0	1	2	3	4
a	5	6	7	8	9
d	10	11	12	13	14
b	15	16	17	18	19

	0	1	2	3	4
a	5	6	7	8	9
b	15	16	17	18	19
c	0	1	2	3	4
d	10	11	12	13	14

	0	1	2	3	4
d	10	11	12	13	14
c	0	1	2	3	4
b	15	16	17	18	19
a	5	6	7	8	9

图 11.20　b 的值　　　　图 11.21　索引排序后 b 的值　　　　图 11.22　逆向排序后 b 的值

- sort_values()方法。

sort_values()方法在指定轴上根据数值进行排序，默认为升序，语法格式如下：

```
# Series 对象
<Series 对象>.sort_values(axis=0, ascending=True)


# DataFrame 对象
<DataFrame 对象>.sort_values(by, axis=0, ascending=True)
```

其中，by 参数为 axis 轴上的某个索引或索引列表，示例代码如下：

```
b = pd.DataFrame(np.arange(20).reshape(4,5),index=['c','a','d','b'])
```

b 的值如图 11.23 所示。

使用 c = b.sort_values(2,ascending=False)对数值进行排序后 c 的值如图 11.24 所示。

使用 c = c.sort_values('a',axis=1,ascending=False)对 a 行进行降序排列,运行结果如图 11.25 所示。

	0	1	2	3	4
c	0	1	2	3	4
a	5	6	7	8	9
d	10	11	12	13	14
b	15	16	17	18	19

	0	1	2	3	4
b	15	16	17	18	19
d	10	11	12	13	14
a	5	6	7	8	9
c	0	1	2	3	4

	4	3	2	1	0
b	19	18	17	16	15
d	14	13	12	11	10
a	9	8	7	6	5
c	4	3	2	1	0

图 11.23 b 的值　　图 11.24 对数值进行排序后 c 的值　　图 11.25 对 a 行进行降序排列的运行结果

2. 数据的基本统计分析

数据的基本统计分析方法如表 11-10 所示,这些方法适用于 Series 和 DataFrame 类型。

表 11-10 数据的基本统计分析方法

方　　法	说　　明
.sum()	计算数据的总和,按 0 轴计算,下同
.count()	非 NaN 值的数量
.mean() .median()	计算数据的算术平均值、算术中位数
.var() .std()	计算数据的方差、标准差
.min() .max()	计算数据的最小值、最大值
.describe()	针对 0 轴(各列)的统计汇总

仅适用于 Series 类型的统计分析方法如表 11-11 所示。

表 11-11 仅适用于 Series 类型的统计分析方法

方　　法	说　　明
.argmin() .argmax()	计算数据最大值、最小值所在位置的索引位置(自动索引)
.idxmin() .idxmax()	计算数据最大值、最小值所在位置的索引(自定义索引)

示例代码如下:

```
a = pd.Series([9,8,7,6],index=['a','b','c','d'])
```

a 的值为:

```
a    9
b    8
c    7
d    6
dtype: int64
```

a.describe()的值为:

```
count    4.000000
```

```
mean        7.500000
std         1.290994
min         6.000000
25%         6.750000
50%         7.500000
75%         8.250000
max         9.000000
dtype: float64
```

type(a.describe())的值为:

```
pandas.core.series.Series
```

可以像字典一样通过 key 来获取对应的值。例如,a.describe()['count']的值为 4.0,
a.describe()['max']的值为 9.0。

3．数据的累计统计分析

数据的累计统计分析方法如表 11-12 所示。

表 11-12　数据的累计统计分析方法

方　　法	说　　明
.cumsum()	依次给出前 1、2、…、n 个数的和
.cumprod()	依次给出前 1、2、…、n 个数的积
.cummax()	依次给出前 1、2、…、n 个数的最大值
.cummin()	依次给出前 1、2、…、n 个数的最小值

示例代码如下:

```
b = pd.DataFrame(np.arange(20).reshape(4,5),index=['c','a','d','b'])
```

得到的 b 的值如图 11.26 所示。

```
     0   1   2   3   4
c    0   1   2   3   4
a    5   6   7   8   9
d   10  11  12  13  14
b   15  16  17  18  19
```

图 11.26　b 的值

使用表 11-12 中的方法来测试统计。

b.cumsum()、b.cumprod()、b.cummax()、b.cummin()的值如图 11.27 所示。

```
     0   1   2   3   4              0    1    2     3     4             0   1   2   3   4            0 1 2 3 4
c    0   1   2   3   4         c    0    1    2     3     4        c    0   1   2   3   4       c   0 1 2 3 4
a    5   7   9  11  13         a    0    6   14    24    36        a    5   6   7   8   9       a   0 1 2 3 4
d   15  18  21  24  27         d    0   66  168   312   504        d   10  11  12  13  14       d   0 1 2 3 4
b   30  34  38  42  46         b    0 1056 2856  5616  9576        b   15  16  17  18  19       b   0 1 2 3 4

      b.cumsum()                       b.cumprod()                       b.cummax()                 b.cummin()
```

图 11.27　b 的统计值

滚动计算的累计统计分析方法如表 11-13 所示，适用于 Series 和 DataFrame 类型。

表 11-13　滚动计算的累计统计分析方法

方　　法	说　　明
.rolling(w).sum()	依次计算相邻 w 个元素的和
.rolling(w).mean()	依次计算相邻 w 个元素的算术平均值
.rolling(w).var()	依次计算相邻 w 个元素的方差
.rolling(w).std()	依次计算相邻 w 个元素的标准差
.rolling(w).min() .rolling(w).max()	依次计算相邻 w 个元素的最小值和最大值

例如，b.rolling(3).sum() 的值如图 11.28 所示。

4．数据的相关分析

现在有两个事物，表示为 X 和 Y，如何判断它们之间存在相关性？相关性大致可以分为以下 3 类。

	0	1	2	3	4
c	NaN	NaN	NaN	NaN	NaN
a	NaN	NaN	NaN	NaN	NaN
d	15.0	18.0	21.0	24.0	27.0
b	30.0	33.0	36.0	39.0	42.0

图 11.28　b.rolling(3).sum() 的值

- X 增大，Y 增大，两个变量正相关。
- X 增大，Y 减小，两个变量负相关。
- X 增大，Y 无视，两个变量不相关。

判断相关性的方法有协方差和相关系数等。

（1）协方差。

$$\mathrm{cov}(X,Y) = \frac{\sum_{i=1}^{n}(X_i - \overline{X})(Y_i - \overline{Y})}{n-1}$$

协方差>0，X 和 Y 正相关。

协方差<0，X 和 Y 负相关。

协方差=0，X 和 Y 独立无关。

（2）Person 相关系数。

$$r = \frac{\sum_{i=1}^{n}(x_i - \overline{x})(y_i - \overline{y})}{\sqrt{\sum_{i=1}^{n}(x_i - \overline{x})^2}\sqrt{\sum_{i=1}^{n}(y_i - \overline{y})^2}}$$

其中，r 的取值范围为[-1,1]，当 r=1 时完全正相关，当 r=-1 时完全负相关。|r|的值与相关程度对应如下：0.8（不含）～1.0 极强相关；0.6（不含）～0.8 强相关；0.4（不含）～0.6 中等程度相关；0.2（不含）～0.4 弱相关；0.0（不含）～0.2 极弱相关或无相关。相关分析方法如表 11-14 所示。

相关分析方法如表 11-14 所示。

表 11-14　相关分析方法

方　　法	说　　明
.cov()	计算协方差矩阵
.corr()	计算相关系数矩阵，Pearson、Spearman、Kendall 等系数

判断房价增幅与 M2 增幅的相关性，示例代码如下：

```
hprice = pd.Series([3.04,22.93,12.75,22.6,12.33],
                    index=['2008','2009','2010','2011','2012'])
m2 = pd.Series([8.18,18.38,9.13,7.82,6.69],index=['2008','2009','2010', '2011','2012'])
hprice.corr(m2)
```

运行结果为：

```
0.5239439145220387
```

通过运行结果可以看出，两者呈现中等程度相关关系。

11.3　可视化处理——Matplotlib 库

Matplotlib 是一个 Python 2D 绘图库，由各种可视化类构成，内部结构复杂，它提供了一整套和 Matlab 相似的 API，十分适合交互式绘图，能够轻易绘制出各种专业的图像。Matplotlib 库可用于 Python 脚本、Python 和 IPythonshell、jupyter 笔记本、Web 应用程序服务器等。

为了方便快速绘图，Matplotlib 库通过 pyplot 模块提供了一套和 Matlab 类似的绘图 API，将众多绘图对象所构成的复杂结构隐藏在这套 API 内部。只需要调用 pyplot 模块所提供的函数就可以实现快速绘图及设置图表的各种细节。Matplotlib 库导入 pyplot 模块的方法如下：

```
from matplotlib import pyplot as plt
```

通过以上代码，我们将 pyplot 模块重命名为 plt，也可以使用如下形式导入：

```
import matplotlib.pyplot as plt
```

matplotlib.pyplot 是一个有命令风格的函数集合，它看起来和 Matlab 很相似。每一个 pyplot()函数都使一幅图像做出一些改变，例如，创建一幅图，在图中创建一个绘图区域，在绘图区域中添加一条线等。在 matplotlib.pyplot 中，各种状态通过函数调用保存起来，以便于用户可以随时跟踪当前图像和绘图区域。绘图函数是直接作用于当前 axes。

11.3.1　pyplot 模块基本使用

当 Matplotlib 库绘制曲线图时，我们会使用到 pyplot 模块的 plt.plot()函数。plt.plot()函数可以一次绘制一条曲线，也可以同时绘制多条曲线。plt.plot()函数的语法格式如下：

```
plt.plot(x,y,format_string,**kwargs)
```

plt.plot()函数的参数说明如表 11-15 所示。

表 11-15　plt.plot()函数的参数说明

参　　数	说　　明
x	x 轴的数据，列表或数组，可选参数
y	y 轴的数据，列表或数组
format_string	控制曲线的格式字符串，可选参数
**kwargs	第二组或更多(x,y,format_string)

注意：当绘制多条曲线时，每条曲线的 x 不能省略。

绘制多条曲线，曲线分别为 $y=2x$、$y=3x$、$y=4x$、$y=5x$，示例代码如下：

```
import numpy as np
import matplotlib.pyplot as plt

x = np.arange(10)
plt.plot(x,x*2,x,x*3,x,x*4,x,x*5)
plt.show()
```

运行结果如图 11.29 所示。

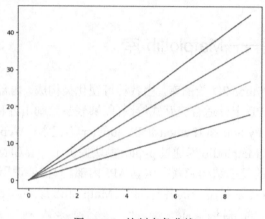

图 11.29　绘制多条曲线

注意： 在最后需要使用 plt.show()函数，将所画图像显示出来。

我们可以通过 format_string 参数来控制曲线的格式字符串。format_string 参数由颜色字符、风格字符和标记字符组成，颜色字符、风格字符和标记字符可以组合使用。format_string 参数的颜色字符部分取值说明如表 11-16 所示。

表 11-16　format_string 参数的颜色字符部分取值说明

颜 色 字 符	说　明	颜 色 字 符	说　明
'b'	蓝色	'm'	洋红色
'g'	绿色	'y'	黄色
'r'	红色	'k'	黑色
'c'	青绿色 cyan	'w'	白色
'#008000'	RGB 某颜色	'0,8'	灰度值字符串

format_string 参数的风格字符部分取值说明如表 11-17 所示。

表 11-17　format_string 参数的风格字符部分取值说明

风 格 字 符	说　明
'-'	实线
'--'	破折线
'-.'	点画线
':'	虚线
'' （空格）	无线条

format_string 参数的标记字符部分取值说明如表 11-18 所示。

表 11-18　format_string 参数标记字符部分取值说明

标记	说　　明	标记	说　　明	标记	说　　明
'.'	点标记	'1'	下花三角标记	'h'	竖六边形标记
','	像素标记（极小点）	'2'	上花三角标记	'H'	横六边形标记
'o'	实心圈标记	'3'	左花三角标记	'+'	十字标记
'v'	倒三角标记	'4'	右花三角标记	'x'	×标记
'^'	上三角标记	's'	实心方形标记	'D'	菱形标记
'>'	右三角标记	'p'	实心五角标记	'd'	瘦菱形标记
'<'	左三角标记	'*'	星形标记	'|'	垂直线标记

绘制不同风格的曲线，曲线分别为 $y=2x$、$y=3x$、$y=4x$、$y=5x$，且曲线格式分别为绿色实心圈标记实线、红色×标记、星形标记、蓝色点画线，示例代码如下（省略导包语句，下同）：

```
x = np.arange(10)
plt.plot(x,x*2,'go-',x,x*3,'rx',x,x*4,'*',x,x*5,'b-.')
plt.show()
```

运行结果如图 11.30 所示。

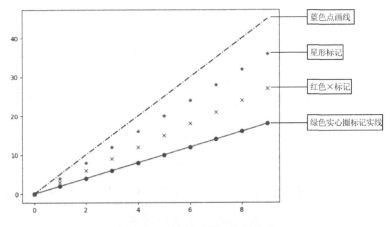

图 11.30　绘制不同风格的曲线

pyplot 并不默认支持中文显示，需要用户修改字体实现中文显示。

方法一，通过修改 rcParams 的配置参数来修改字体。rcParams 与字体有关的参数如表 11-19 所示。

表 11-19　rcParams 与字体有关的参数

参　　数	说　　明
'font.family'	用于显示字体的名字
'font.style'	字体风格，正体'normal' 或斜体 'italic'
'font.size'	字体大小，整数字号

使用绘图支持中文显示，在上面示例的基础上添加 x 轴、y 轴的中文标签，示例代码如下：

```
import numpy as np
import matplotlib.pyplot as plt
import matplotlib                    # 需要导入 matplotlib 模块

matplotlib.rcParams['font.family'] = 'SimHei'
x = np.arange(10)
plt.plot(x,x*2,'go-',x,x*3,'rx',x,x*4,'*',x,x*5,'b-.')
plt.xlabel('横轴：x 轴')      # 添加 x 轴标签
plt.ylabel('纵轴：y 轴')      # 添加 y 轴标签
plt.show()
```

运行结果如图 11.31 所示。

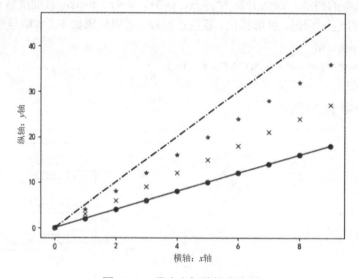

图 11.31　带中文标签的曲线图

上面代码中的'SimHei'表示黑体，其他更多中文字体的种类如表 11-20 所示。

表 11-20　中文字体的种类

中 文 字 体	说　　明
'SimHei'	中文黑体
'Kaiti'	中文楷体
'LiSu'	中文隶书
'FangSong'	中文仿宋
'YouYuan'	中文幼圆
'STSong'	华文宋体

方法二，在由中文输出的地方，增加一个属性，即 fontproperties。取值与方法一的 font.family 相同，示例代码如下：

```
x = np.arange(10)
plt.plot(x,x*2,'go-',x,x*3,'rx',x,x*4,'*',x,x*5,'b-.')
```

```
plt.xlabel('横轴：x 轴',fontproperties='SimHei')          # 添加 x 轴标签
plt.ylabel('纵轴：y 轴',fontproperties='SimHei')          # 添加 y 轴标签
plt.show()
```

显示效果与方法一相同。

11.3.2　pyplot 的文本显示函数

pyplot 的文本显示函数如表 11-21 所示。

表 11-21　pyplot 的文本显示函数

函　　数	说　　明
plt.xlabel()	对 x 轴添加文本标签
plt.ylabel()	对 y 轴添加文本标签
plt.title()	对图形整体添加文本标签
plt.text()	在任意位置添加文本
plt.annotate()	在图形中添加带箭头的注解

函数的具体使用示例如下。

- plt.xlabel('x')：对 x 轴添加文本为 'x' 的标签。
- plt.ylabel('y')：对 y 轴添加文本为 'y' 的标签。
- plt.title('graph example')：对图形整体添加文本为 'graph example' 的标签。
- plt.text(1, 2, 'y=2x')：在坐标为 (1, 2) 的点处添加文本 'y=2x'。
- plt.annotate('y=2x', xy=(1,2), xytext=(3,1), arrowprops=dict(facecolor='black', shrink=0.1, width=2))：在图形中添加一个箭头，箭头指向的坐标为 (1, 2)，箭头的标签文本为 'y=2x'，文本的坐标为(3, 1)。

在上面示例基础上，添加标题、在坐标(2,10)处添加文本 y=5x，以及添加一个箭头，箭头指向的坐标为(2, 4)，箭头标签文本 y=2x 在坐标(3, 0)处，示例代码如下：

```
import numpy as np
import matplotlib.pyplot as plt
x = np.arange(10)
plt.plot(x,x*2,'go-',x,x*3,'rx',x,x*4,'*',x,x*5,'b-.')
plt.xlabel('横轴：x 轴',fontproperties='SimHei')          #添加 x 轴标签
plt.ylabel('纵轴：y 轴',fontproperties='SimHei')          #添加 y 轴标签
plt.title('画图实例',fontproperties='SimHei',fontsize = 25)
plt.text(2,10,'y=5x')
plt.annotate('y=2x',xy=(2,4),xytext=(3,0),
arrowprops=dict(facecolor='black',shrink=0.1,width=2))
plt.show()
```

运行结果如图 11.32 所示。

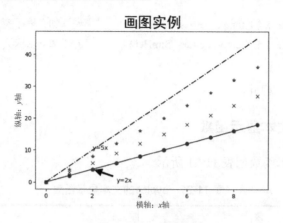

图 11.32   运行结果

11.3.3   pyplot 的子绘图区域

plt.subplot(nrows,ncols,plot_number)：把一个绘图区分成多个小区域，用于绘制多个子图。nrows 和 ncols 表示将绘图区分成（nrows×ncols）个小区域，每个小区域可以单独绘制图形；plot_number 表示将图绘制在第 plot_number 个子区域中。子区域序号从左向右、从上向下增加。

将前文示例中的 4 个函数 $y=2x$、$y=3x$、$y=4x$ 和 $y=5x$ 分别绘制在不同的子区域中，示例代码如下：

```
x = np.arange(10)
plt.subplot(2,2,1)
plt.plot(x,2*x)
plt.subplot(2,2,2)
plt.plot(x,3*x)
plt.subplot(2,2,3)
plt.plot(x,4*x)
plt.subplot(2,2,4)
plt.plot(x,5*x)
plt.show()
```

运行结果如图 11.33 所示。

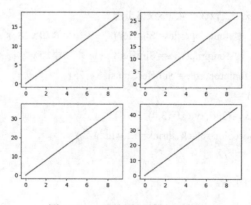

图 11.33   子绘图区域运行结果

我们可以使用 plt.savefig()函数来将图表保存到文件，参数如表 11-22 所示。

表 11-22　plt.savefig()函数的参数

参　　数	说　　明
fname	含有文件路径的字符串或 Python 的文件类型。图形格式由扩展名推断出，默认为 png 格式
dpi	图形分辨率（每英寸点数），可选参数，默认值为 100 像素
facecolor、edgecolor	图形的背景色，可选参数，默认值为'w'（白色）
format	显示设置文件格式（'png'、'jpg'、'pdf'、'svg'...），可选参数
Bbox_inches	图表需要保存的部分。可选参数，如果设置为 'tight'，则将尝试删除图表周围的空白部分

将上面示例所绘制的图像保存在名为 image 的 jpg 文件中，分辨率为 200 像素，并尝试删除图像周围空白部分，示例代码如下：

```
x = np.arange(10)
plt.subplot(2,2,1)
plt.plot(x,2*x)
plt.subplot(2,2,2)
plt.plot(x,3*x)
plt.subplot(2,2,3)
plt.plot(x,4*x)
plt.subplot(2,2,4)
plt.plot(x,5*x)
plt.savefig('image.png',dpi = 200,bbox_inches='tight')
plt.show()
```

在当前目录下可以看见 image.png 文件，内容与使用 plt.show()函数显示的效果一致。

11.3.4　pyplot 绘制常见图形

1. pyplot 绘制饼图

使用 plt.pie() 函数可以绘制饼图，语法格式如下：

```
plt.pie(x,explode=None,labels=None,autopct=None,shadow=False,startangle=None)
```

plt.pie()函数的参数如表 11-23 所示。

表 11-23　plt.pie()函数的参数

参　　数	说　　明
x	（每一块）的比例，如果 sum(x) > 1 则会对 x 进行归一化
explode	（每一块）离开中心距离
labels	（每一块）饼图外侧显示的说明文字
autopct	控制饼图内的百分比设置，可以使用 format 字符串或 format function 来控制
shadow	是否阴影
startangle	图像绘制角度，在默认情况下，图像是从 x 轴正方向逆时针画起的，如果将 startangle 的值设置为 90 则从 y 轴正方向画起

绘制一个饼图，饼图中每一块区域的大小比例分别为 15.0%、30.0%、45.0%、10.0%，其

中一块距离中心为 0.1 单位距离，无阴影，每一块区域的名字为 Frogs、Hogs、Dogs、Logs，从 y 轴正方向画起。示例代码如下：

```
labels = 'Frogs','Hogs','Dogs','Logs'
sizes = [15,30,45,10]
explode = (0,0.1,0,0)
plt.pie(sizes,explode=explode,labels=labels,
            autopct='%1.1f%%',shadow=False,startangle=90)
plt.show()
```

运行结果如图 11.34 所示。

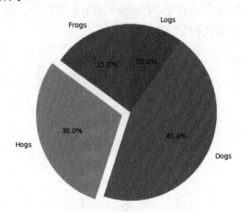

图 11.34　绘制一个饼图

2．pyplot 绘制直方图

plt.hist()函数可以用于绘制直方图，语法格式如下：

```
plt.hist(x, bins=10, normed=False, color=None, histtype=u'bar')
```

plt.hist()函数的参数如表 11-24 所示。

表 11-24　plt.hist()函数的参数

参　　数	说　　明
x	这个参数指定每个 bin（箱子）分布的数据，对应 x 轴
bins	这个参数指定 bin（箱子）的个数，也就是总共有几个条状图
normed	这个参数指定密度，也就是每个条状图的占比比例，默认值为 1
color	这个参数指定条状图的颜色
histtype	选择 bin（箱子的类型），默认值为 bar

我们利用直方图对 100 个学生的考试成绩以 10 分为一组进行分数区间统计，示例代码如下：

```
np.random.seed(1)
x = np.random.randint(0,101,100)   # 生成 100 个[0,100]之间的整数
bins = np.arange(0,101,10)         # 设置连续的边界值，即直方图的分布区间[0,10),[10,20)……
plt.hist(x,bins,alpha=0.5)         # alpha 设置透明度，0 为完全透明
```

```
plt.xlabel('scores')
plt.ylabel('count')
plt.xlim(0,100)                        # 设置 x 轴分布范围
plt.show()
```

运行结果如图 11.35 所示。

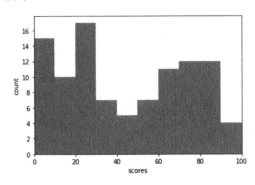

图 11.35　绘制一个直方图

3．pyplot 绘制散点图

plt.scatter()函数可用于绘制散点图，语法格式如下：

```
plt.scatter(x, y, s=20, c='b', marker='o', linewidths=None)
```

plt.scatter()函数的参数如表 11-25 所示。

表 11-25　plt.scatter()函数的参数

参　　数	说　　明
x,y	一个实数或长度为 n 的数组，也就是我们即将绘制散点图的数据点
s	一个实数或长度为 n 的数组，表示每个点对应的大小，可选参数，默认值为 20
c	颜色，不可以是一个单独的 RGB 数字，也不可以是一个 RGBA 的序列。可以是 RGB 或 RGBA 的二维数组（只有一行），可选参数，默认值为'b'（蓝色）
marker	表示的是标记的样式，可选参数，默认值为'o'
linewidths	标记点的长度，一个实数或数组，可选参数，默认值为 NONE

绘制一个 $0<x<1$，$0<y<1$，含有 10 个点，点颜色为蓝色、大小随机、点的位置随机的散点图，示例代码如下：

```
np.random.seed(1)
x = np.random.rand(10)
y = np.random.rand(10)
area = np.random.rand(10)*1000
plt.xlabel('x')
plt.ylabel('y')
plt.scatter(x,y,s=area,c='b')
plt.show()
```

运行结果如图 11.36 所示。

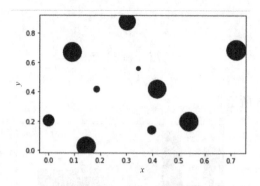

图 11.36　绘制一个散点图

11.4　数据分析项目实战

11.4.1　项目介绍

空气质量（Air Quality）的好坏反映了空气的污染程度，它是依据空气中污染物浓度的高低来判断的。空气污染是一个复杂的现象，在特定时间和地点空气污染物浓度受到许多因素影响。来自固定和流动污染源的人为污染物排放大小是影响空气质量的主要因素之一，其中包括车辆（船舶、飞机）的尾气、工业污染、居民生活和取暖、垃圾焚烧等。城市的发展密度、地形地貌和气象等也是影响空气质量的重要因素。参与空气质量评价的主要污染物为PM2.5、PM10、二氧化硫、二氧化氮、臭氧、一氧化碳等 6 项。

通过爬虫获取近几年南昌的空气质量数据，对数据进行清洗和分析，观察近几年南昌空气质量的变化趋势，空气质量与季节因素之间的影响等。同时，获取北京、武汉、杭州 3 个城市的空气质量数据，将其与南昌的空气质量数据进行对比分析。最后对近几年的空气质量数据进行数学建模，实现对未来空气质量指数的预测。预测空气质量指数可以有效提醒患有哮喘疾病的老人、小孩等人群科学合理地安排户外活动及户外活动的时间。

- 编写爬虫获取南昌、北京、武汉、杭州 4 个城市的空气质量数据，并存储到本地 CSV 文件中。
- 对空气质量数据进行清洗和分析，大致分析空气质量数据近几年的变化趋势等（以南昌为主要分析对象）。
- 对空气质量数据进行可视化分析，绘制直方图、折线图、热力图等进行进一步分析。

11.4.2　项目分析与设计

本项目需要解决以下几个关键技术问题。
- 如何将爬虫获取到的南昌、北京、武汉、杭州 4 个城市的空气质量数据存储到本地 CSV 文件中。
- 对获取的空气质量数据进行分析和整理，删除不需要的空气质量数据和不正确的格式，如数据缺失等。

- 以时间为索引对空气质量数据进行可视化分析。将第 1 列日期的字符串类型设置为
datetime 类型。方便后续筛选空气质量数据和进行可视化分析。

项目流程如图 11.37 所示。

图 11.37　项目流程

功能模块划分为以下 4 个模块。

- 获取数据：获取数据，把数据存储到 CSV 文件和 txt 文件中。
- 数据清洗：可以使用 NumPy、Pandas 查看获取的数据。
- 数据统计与分析：对已有的数据信息进行统计与分析，得到相关结论。
- 数据可视化：对已有的数据进行可视化分析。

11.4.3　项目设计与实现

利用爬虫获取网页中的空气质量指数数据信息，并进行清洗和可视化分析。利用 AQI（Air Quality Index，空气质量指数）数据信息创建 ARIMA（差分自回归移动平均模型）数学模型，并进行 AQI 指数预测。AQI 指数预测和天气预报预测具有相同的功能，提前告知人们可以更加科学合理地安排自己的户外活动，有利于身体健康。同时，通过污染物之间的相关性，以及对这些污染物近几年的浓度变化趋势的分析和了解，也有利于我们更加合理地去控制污染物的排放和建立环保措施。

IAQI（Individual Air Quality Index，空气质量分指数）是指单项污染物的空气质量分指数。空气质量分指数及对应的污染物项目 P 浓度限值如表 11-26 所示。

表 11-26　空气质量分指数及对应的污染物项目 P 浓度限值

空气质量分指数（IAQI）	污染物项目 P 浓度限值									
	二氧化硫（SO_2）24 小时平均/（$\mu g/m^3$）	二氧化硫（SO_2）1 小时平均/（$\mu g/m^3$）[1]	二氧化氮（NO_2）24 小时平均/（$\mu g/m^3$）	二氧化氮（NO_2）1 小时平均/（$\mu g/m^3$）[1]	颗粒物（粒径小于或等于 10μm）24 小时平均/（$\mu g/m^3$）	一氧化碳（CO）24 小时平均/（mg/m^3）	一氧化碳（CO）1 小时平均/（mg/m^3）[1]	臭氧（O_3）1 小时平均/（$\mu g/m^3$）	臭氧（O_3）8 小时平均/（$\mu g/m^3$）	颗粒物（粒径小于或等于 2.5μm）24 小时平均（$\mu g/m^3$）
0	0	0	0	0	0	0	0	0	0	0
50	50	150	40	100	50	2	5	160	100	35
100	150	500	80	200	150	4	10	200	160	75
150	475	650	180	700	250	14	35	300	215	115
200	800	800	280	1200	350	24	60	400	265	150

空气质量分指数(IAQI)	污染物项目 P 浓度限值									
	二氧化硫(SO₂)24小时平均/(μg/m³)	二氧化硫(SO₂)1小时平均/(μg/m³)①	二氧化氮(NO₂)24小时平均/(μg/m³)	二氧化氮(NO₂)1小时平均/(μg/m³)①	颗粒物(粒径小于或等于10μm)24小时平均/(μg/m³)	一氧化碳(CO)24小时平均/(mg/m³)	一氧化碳(CO)1小时平均/(mg/m³)①	臭氧(O₃)1小时平均/(μg/m³)	臭氧(O₃)8小时平均/(μg/m³)	颗粒物(粒径小于或等于2.5μm)24小时平均/(μg/m³)
300	1600	②	565	2340	420	36	90	800	800	250
400	2100	②	750	3090	500	48	120	1000	③	350
500	2620	②	940	3840	600	60	150	1200	③	500
说明	①二氧化硫(SO₂)、二氧化氮(NO₂)和一氧化碳(CO)的 1 小时平均浓度限值仅用于实时报,在日报中需要使用相应污染物的 24 小时平均浓度限值 ②二氧化硫(SO₂)1 小时平均浓度高于 800μg/m³,不再进行其空气质量分指数计算,二氧化硫(SO₂)空气质量分指数按 24 小时平均浓度计算的分指数报告 ③臭氧(O₃)8 小时平均浓度值高于 800μg/m³,不再进行其空气质量分指数计算,臭氧(O₃)空气质量分指数按 1 小时平均浓度计算的分指数报告									

我们可以根据表 11-26 中污染物项目 P 浓度值确定相对应的空气质量分指数的对应关系,是计算空气质量分指数的主要因素。

污染物项目 P 的空气质量分指数计算公式如下:

$$IAQI_P = \frac{IAQI_{Hi} - IAQI_{Lo}}{BP_{Hi} - BP_{Lo}}(C_P - BP_{Lo}) + IAQI_{Lo}$$

式中,$IAQI_P$:污染物项目 P 的空气质量分指数。

C_P:污染物项目 P 的质量浓度值。

BP_{Hi}:表 11-26 中与 C_P 相近的污染物浓度限值的高位值。

BP_{Lo}:表 11-26 中与 C_P 相近的污染物浓度限值的低位值。

$IAQI_{Hi}$:表 11-26 中与 BP_{Hi} 对应的空气质量分指数。

$IAQI_{Lo}$:表 11-26 中与 BP_{Lo} 对应的空气质量分指数。

AQI(Air Quality Index,空气质量指数)是定量描述空气质量状况的无量纲指数,其计算公式如下:

$$AQI = \max\{IAQI_1, IAQI_2, IAQI_3, \cdots, IAQI_n\}$$

1. 空气质量数据获取

首先通过 Requests 库获取页面,其次使用 BeautifulSoup 库解析获取页面元素,最后使用正则表达式来获取想要的页面数据信息。

- 获取各月份数据的网页链接,存储到 sites 列表中,代码如下:

```
city="nanchang"
starturl = "http://www.tianqihoubao.com/aqi/"+city+".html"
soup = BeautifulSoup(urlopen(starturl), "lxml")
Sites = []
```

```
for i in soup.findAll(href=re.compile("^(/aqi/nanchang-)")):
    site = "http://www.tianqihoubao.com" + i.attrs['href']
Sites.append(site)
```

- Getweatherhead()函数：通过 BeautifulSoup 库解析后使用正则表达式获取表格的头部信息。只需要访问第一个页面的表格头部信息（每个页面的表头相同），代码如下：

```
def Getweatherhead(url):
    html = urlopen(url)
    soup = BeautifulSoup(html, "lxml", from_encoding="gb18030")

    tablelist = soup.findAll("tr")
    Dataset = []
    tablehead = tablelist[0].get_text().strip("\n").split("\n\n")
    Dataset.append(tablehead)

    dataset = []
    for datalist in tablelist[1:]:
        data = datalist.get_text().replace(" ", "").replace("\r\n", "").strip("\n").split("\n")
        dataset.append(data)
    Dataset = numpy.row_stack((Dataset, dataset))
    return Dataset
```

- GetWeather()函数：遍历 sites 列表中的所有链接，获取近几年各城市的空气质量数据，代码如下：

```
def GetWeather(url):
    html = urlopen(url)
    soup = BeautifulSoup(html, "lxml", from_encoding="gb18030")
    tablelist = soup.findAll("tr")
    dataset = []
    for datalist in tablelist[1:]:
        data = datalist.get_text().replace(" ", "").replace("\r\n", "").strip("\n").split("\n")
        dataset.append(data)
    return dataset
```

- 将所有数据存储在本地 CSV 文件中，代码如下：

```
Dataset = Getweatherhead(Sites[0])
for url in Sites[1:]:
    dataset = GetWeather(url)
    Dataset = numpy.row_stack((Dataset, dataset))
weatherfile = open("nanchang.csv", "w")
```

运行结果如图 11.38 所示。

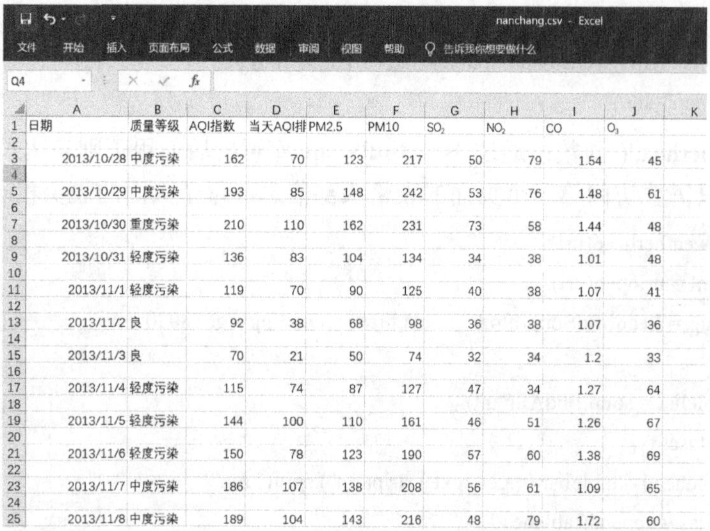

日期	质量等级	AQI指数	当天AQI排	PM2.5	PM10	SO_2	NO_2	CO	O_3
2013/10/28	中度污染	162	70	123	217	50	79	1.54	45
2013/10/29	中度污染	193	85	148	242	53	76	1.48	61
2013/10/30	重度污染	210	110	162	231	73	58	1.44	48
2013/10/31	轻度污染	136	83	104	134	34	38	1.01	48
2013/11/1	轻度污染	119	70	90	125	40	38	1.07	41
2013/11/2	良	92	38	68	98	36	38	1.07	36
2013/11/3	良	70	21	50	74	32	34	1.2	33
2013/11/4	轻度污染	115	74	87	127	47	34	1.27	64
2013/11/5	轻度污染	144	100	110	161	46	51	1.26	67
2013/11/6	轻度污染	150	78	123	190	57	60	1.38	69
2013/11/7	中度污染	186	107	138	208	56	61	1.09	65
2013/11/8	中度污染	189	104	143	216	48	79	1.72	60

图 11.38　运行结果（1）

2. 空气质量数据清洗和处理

- 读取 CSV 文件中的数据，将第 1 列的日期由字符串类型改为 datetime 类型，并作为索引，代码如下：

```
nanchang_weather = pd.read_csv('nanchang.csv', sep=',', encoding='GB2312')
nanchang_weather['日期'] = pd.to_datetime(nanchang_weather['日期'],format="%Y/%m/%d")
nanchang_weather = nanchang_weather.set_index('日期')        # 将 date 设置为 index
nanchang_weather.info()
```

运行结果如图 11.39 所示。

```
<class 'pandas.core.frame.DataFrame'>
DatetimeIndex: 1871 entries, 2013-10-28 to 2018-12-18
Data columns (total 9 columns):
质量等级      1871 non-null object
AQI指数      1871 non-null int64
当天AQI排名    1871 non-null int64
PM2.5       1871 non-null int64
PM10        1871 non-null int64
SO2         1871 non-null int64
NO2         1871 non-null int64
CO          1871 non-null float64
O3          1871 non-null int64
dtypes: float64(1), int64(7), object(1)
memory usage: 138.9+ KB
```

图 11.39　运行结果（2）

- 读取 CSV 文件中的数据，按照年月分别添加到列表中，方便观察每年随着月份变化的空气质量指数，代码如下：

```
for i in range(2014,2019):
        nanmean=[]
        nandate=[]
        count=count+1
        for j in range(1,13):
```

```
mean = nanchang_weather[str(i)+'-'+str(j)]['AQI 指数'].mean()
if(j<10):
    k = '0'+ str(j)
    nanmean.append(mean)
    nandate.append(str(i)+'-'+k)
    x.append(mean)
    y.append(str(i)+'-'+k)
else:
    nanmean.append(mean)
    nandate.append(str(i)+'-'+str(j))
```

- 分别读取北京、武汉、杭州 3 个城市的空气质量数据，并分类计算最小值、最大值、平均值。以北京为例，重新生成一个 DataFrame，代码如下：

```
beijing_weather18 = beijing_weather['2018']
beijingAQI_min18 = beijing_weather18['AQI 指数'].min()
beijingAQI_max18 = beijing_weather18['AQI 指数'].max()
beijingAQI_mean18 = beijing_weather18['AQI 指数'].mean()
data = [{'min':nanchangAQI_min18,'mean':nanchangAQI_mean18,'max':nanchangAQI_max18},
        {'min':beijingAQI_min18,'mean':beijingAQI_mean18,'max':beijingAQI_max18},
        {'min':hangzhouAQI_min18,'mean':hangzhouAQI_mean18,'max':hangzhouAQI_max18},
        {'min':wuhanAQI_min18,'mean':wuhanAQI_mean18,'max':wuhanAQI_max18}]
df = pd.DataFrame(data, index=['nanchang', 'beijing', 'hangzhou', 'wuhan'])
print(df)
```

运行结果如图 11.40 所示。

```
           max       mean   min
nanchang   149  58.201149    13
beijing    388  86.114943    22
hangzhou   172  64.212644    15
wuhan      315  77.485632    13
```

图 11.40　运行结果（3）

- 根据 2018 年北京、南昌、杭州、武汉 4 个城市空气质量状况对数据进行分析，代码如下：

```
d = {'北京' : pd.Series(bei_qua),
'南昌' : pd.Series(nan_qua),
    '杭州' : pd.Series(hang_qua),
    '武汉' : pd.Series(wu_qua),}
df = pd.DataFrame(d)
```

运行结果如图 11.41 所示。

- 得到污染物之间的相关性矩阵，分析数据之间的内部相关性，如图 11.42 所示。

	北京	南昌	杭州	武汉
严重污染	6	NaN	NaN	2
中度污染	21	NaN	6.0	12
优	92	139.0	118.0	76
良	145	194.0	199.0	205
轻度污染	77	15.0	25.0	49
重度污染	7	NaN	NaN	4

图 11.41　运行结果（4）

	AQI指数	当天AQI排名	PM2.5	PM10	SO₂	NO₂	CO	O₃
AQI指数	1.000000	0.495360	0.956074	0.952917	0.604447	0.651033	0.635915	0.053659
当天AQI排名	0.495360	1.000000	0.360168	0.506226	0.092747	0.265528	0.205496	0.434269
PM2.5	0.956074	0.360168	1.000000	0.920307	0.609720	0.646611	0.665707	-0.104632
PM10	0.952917	0.506226	0.920307	1.000000	0.635260	0.733551	0.633645	0.021424
SO₂	0.604447	0.092747	0.609720	0.635260	1.000000	0.502081	0.346334	-0.062895
NO₂	0.651033	0.265528	0.646611	0.733551	0.502081	1.000000	0.596657	-0.274183
CO	0.635915	0.205496	0.665707	0.633645	0.346334	0.596657	1.000000	-0.192135
O₃	0.053659	0.434269	-0.104632	0.021424	-0.062895	-0.274183	-0.192135	1.000000

图 11.42　污染物之间的相关性矩阵

- 将各城市的每列数据、各项污染物浓度集中在 DataFrame 中，便于分析，以 AQI 指数为例，代码如下：

```
d = {'北京' : pd.Series(bei_AQI),
'南昌' : pd.Series(nan_AQI),
    '杭州' : pd.Series(hang_AQI),
    '武汉' : pd.Series(wu_AQI),}
boxpic = pd.DataFrame(d)
boxpic.head()
```

运行结果如图 11.43 所示。

	北京	南昌	杭州	武汉
0	306	162	108	183
1	62	193	116	240
2	99	210	90	325
3	176	136	72	133
4	231	119	68	61

图 11.43　运行结果（5）

3. 空气质量数据可视化

- 总体观察 2013 年—2018 年南昌空气质量指数变化（见图 11.44），代码如下：

```
nanchang_weather['AQI 指数'].plot(figsize=(16,5))
```

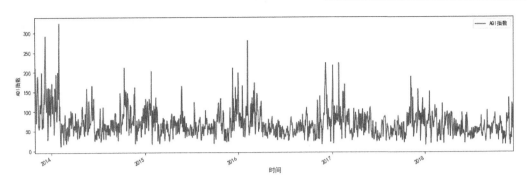

图 11.44　2013 年—2018 年南昌空气质量指数变化

注意：本示例中涉及的图为代码运行结果，均未添加单位。

- 查看 2018 年南昌空气质量指数变化（见图 11.45），代码如下：

```
for i in range(1,12):
    nanchang_weather['2018-'+str(i)]['AQI 指数'].plot(figsize=(16,5))
```

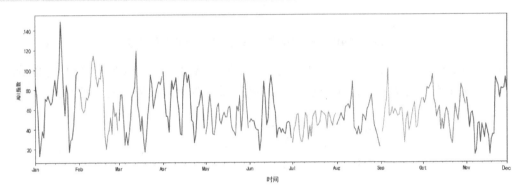

图 11.45　2018 年南昌空气质量指数变化

从图 11.45 中可以看出 AQI 指数在 1 月—3 月普遍比较高，而在 6 月—8 月 AQI 指数普遍比较低，说明南昌夏季的空气质量比较好，冬季空气质量比较差。

- 将 2014 年—2018 年的数据按月整理绘图，观察南昌是否每年都有这种现象，如图 11.46 所示（由于 2013 年的数据不完整，所以去除 2013 年的数据）。

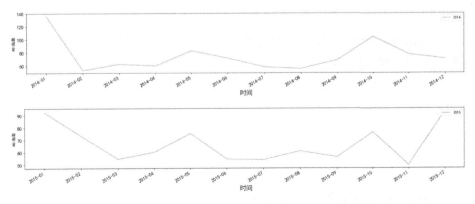

图 11.46　2014 年—2018 年南昌空气质量指数变化

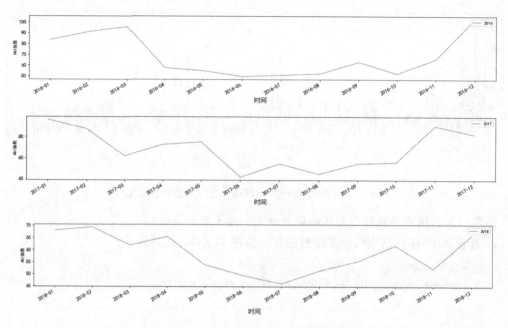

图 11.46　2014 年—2018 年南昌空气质量指数变化（续）

- 比较 2018 年南昌、北京、杭州、武汉 4 个城市 AQI 指数。从图 11.47 中可以看出南昌比北京、武汉、杭州的空气质量都要好，北京的空气质量最差，武汉次之。

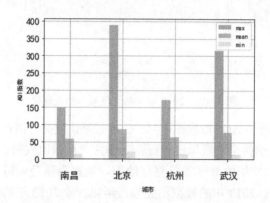

图 11.47　2018 年 4 个城市 AQI 指数对比

- 观察 2014 年—2018 年南昌 AQI 指数的年最小值、年平均值、年最大值变化（见图 11.48），代码如下：

```
x = ['2014','2015', '2016', '2017', '2018']
y = nanchangmin
fig = plt.figure(31)
plt.subplot(311)
plt.title('min')
plt.grid(True)
plt.plot(x,nanchangmin,'r-')
```

```
plt.subplots_adjust(left=None, bottom=None, right=None, top=1.5,
wspace=None, hspace=0.5)

plt.subplot(312)
plt.title('mean')
plt.grid(True)
plt.plot(x,nanchangmean,'r-')

plt.subplot(313)
plt.title('max')
plt.grid(True)
plt.plot(x,nanchangmax,'r-')
plt.show()
```

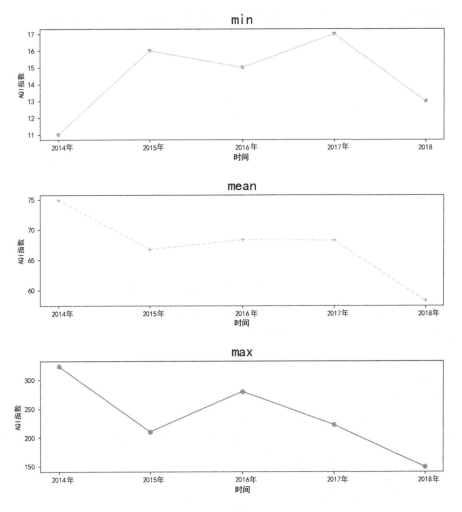

图 11.48　2014 年—2018 年南昌 AQI 指数的年最小值、年平均值、年最大值变化

- 分析 2017 年和 2018 年南昌空气质量状况，如图 11.49 所示，从中我们可以发现，2018 年南昌空气质量没有中度污染或重度污染的情况，空气质量状况有变好的趋势。

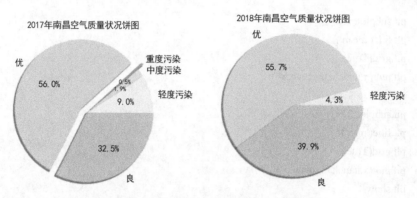

图 11.49　分析 2017 年和 2018 年南昌空气质量状况

通过对北京空气质量分析，发现 2018 年北京的空气质量有 1/4 属于污染情况，如图 11.50 所示。

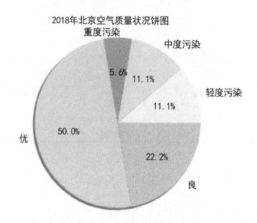

图 11.50　分析 2018 年北京空气质量状况

- 对南昌、北京、杭州、武汉 4 个城市的空气质量进行横向对比，观察各个城市的空气质量情况（见图 11.51），代码如下：

```
df.plot.barh(alpha=0.7,legend=True,colormap='Set2')
plt.legend(loc=1)
plt.xlabel("天数")
```

- 绘制各个污染物及 AQI 指数的热力图（见图 11.52），并观察各个污染物之间是否具有相关性。从图 11.52 中我们可以分析出（PM2.5、PM10）、（PM10、NO2）、（CO、PM2.5）之间存在一定的相关性，代码如下：

```
f, ax = plt.subplots(figsize=(10, 10))
cmap = sns.diverging_palette(220, 10, as_cmap=True)
sns.heatmap(corr, cmap='YlGnBu', vmax=1.0,
            square=True, xticklabels=1, yticklabels=1,
```

```
                                 linewidths=.3, cbar_kws={"shrink": .5}, ax=ax)
plt.show()
```

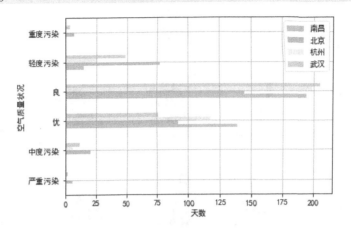

图 11.51　4 个城空气质量横向对比

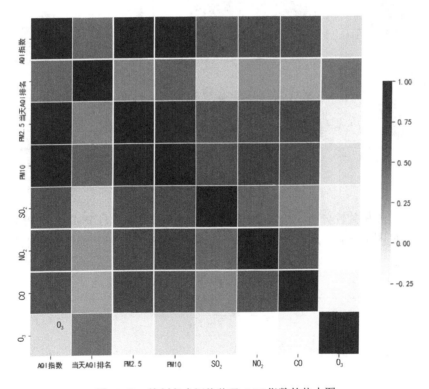

图 11.52　绘制各个污染物及 AQI 指数的热力图

- 绘制点对图（见图 11.53），可以同时将多个特征两两之间的散点图显示在一起，更加方便人们观察数据之间的相关性。从图 11.53 中我们可以看出相关性最强的就是 PM2.5 和 PM10，代码如下：

```
sns.set(style="ticks", color_codes=True)
sns.pairplot(weather[["PM2.5","PM10","SO₂","NO₂","CO"]])
```

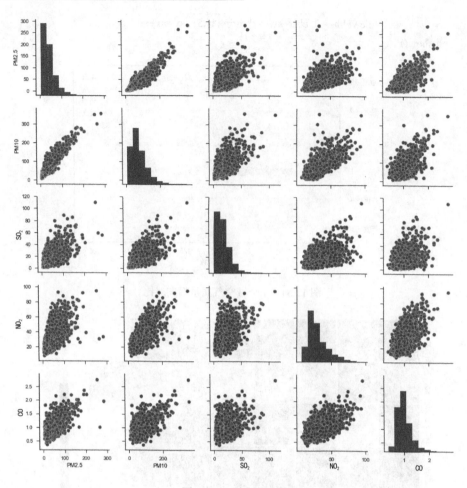

图 11.53 绘制点对图

- 根据上面的相关性分析，绘制 2018 年 1 月至 2019 年 1 月 PM2.5 和 PM10 的变化趋势图（见图 11.54），从图 11.54 中我们可以看出 PM2.5 和 PM10 的上升或下降趋势基本一致。

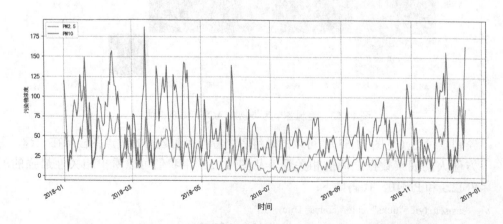

图 11.54 绘制 2018 年 1 月至 2019 年 1 月 PM2.5 和 PM10 的变化趋势图

- 绘制各个污染物浓度的箱型图（见图 11.55），观察其分布范围，是否集中，中位数的大小等。从图 11.55 中我们可以看出北京的 AQI 指数分布最离散，武汉、杭州、南昌3 个城市的 AQI 指数分布比较集中。

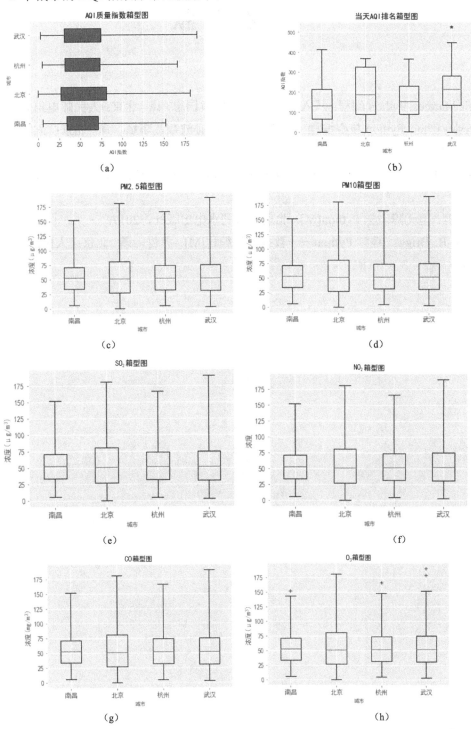

图 11.55　绘制各个污染物浓度的箱型图

参 考 文 献

[1] Eric Matthes. Python 编程：从入门到实践[M]. 袁国忠，译. 北京：人民邮电出版社，2016.

[2] Wesley Chun. Python 核心编程（第 3 版）[M]. 孙波翔，李斌，译. 北京：人民邮电出版社，2016.

[3] 嵩天，礼欣，黄天羽. Python 语言程序设计基础（第 2 版）[M]. 北京：高等教育出版社，2017.

[4] 邓文渊. 毫无障碍学 Python[M]. 北京：水利水电出版社，2017.

[5] Jason R. Briggs. 趣学 Python——教孩子学编程[M]. 尹哲，译. 北京：人民邮电出版社，2015.